知りたい!サイエンス

なぜ起こる?

巨大地震のメカニズム

切迫する直下型地震の危機

画面に映し出された**四川大地震**の惨状を見た
ほぼひと月後、日本の内陸部で**大地震**が発生……
この2つの**地震**に関連性は?
近ごろ**地震**が多いと感じないか?
プレート・テクトニクス理論をはじめとする
地球の構造と活動を知れば、
となりの**震災**は対岸の火事ではないことがわかる。
日本に**巨大地震**が起こる可能性は?
明確な**地震像**を知り、**予知**の手法を知ることは
地震列島日本で暮らすのに必要な
知識と知恵となるはずだ。

編集工房SUPER NOVA＝編著
木村政昭＝監修

技術評論社

はじめに

この原稿を書き終わったとたん、といってもいいくらいのタイミングで、岩手・宮城内陸地震（M7・2）が起きました。中国の四川《しせん》大地震からほぼ1ヵ月後、しかも同じ内陸型地震（108ページ参照）です。この地震は阪神・淡路大震災（M7・3）とほぼ同じ規模で、震源は非常に浅く（約8キロメートル）、きわめて激しい揺れにより〝山体崩壊《さんたいほうかい》〟が起きました。

地震の際の揺れを表すのに「ガル」という加速度の単位を用いますが、この地震は、阪神・淡路大震災を超える、国内最大の4022ガルを観測していたことがわかりました。重力の加速度は980ガルで、上下方向でこの値を超えると、地上のものが浮くことになります。このすさまじい加速度で、山体崩壊が起きたのでしょう。新潟県中越地震の余震で観測された今までで最高の値でさえ2515・4ガルで、その1・6倍の数字を示したことになります。

一方の四川大地震は、2004年12月26日にインドネシアのスマトラ沖で起こった超巨大地震とかかわる一連の歪《ひず》みの蓄積で起きた地震です。スマトラ沖では4年前のM9・1の地震がきっかけとなって、プレート境界に沿ってM8クラスの大地震が2005年、2007年と連続して発生しています。これらの地震は、インド・オーストラリアプレートがユーラシアプレートの下に潜り込もうとする、北上運動のエネルギーが原因です。そして多少の時間差をおいて、ユーラシアプレート内陸部にも蓄積していた圧力によるエネルギーが一気に解放され、今回の四川大地震が起きています。

岩手・宮城内陸地震は死者・行方不明者23人、農林水産被害364ヵ所を数えました（6月16日現在）。また、日本と状況が違うとはいえ、四川大地震では死者6万9146人、1ヵ月たった今も1万7000人以上の行方がわかっていません。この2つの地震はともに、当初はまったく警戒されていない地点で起こったものでした。

つまり、**いつあなた自身がこうした地震災害に遭遇してもおかしくない**のです。それならば、私たちはいったいどのように地震と向き合っていけばいいのでしょうか⁉

まずは〝明確な地震像〟を把握することです。そうすれば、たとえば今度の四川大地震からは、次のようなことも見えてきます。

その発生状況から今度は、太平洋プレートとフィリピン海プレートのすさまじい圧力を受け続けている日本列島（北米プレート）の周辺で、地震や噴火などによるエネルギーの解放がいちだんと活発になるのは、のちに紹介する「プレート・テクトニクス理論」からいっても、当然の成り行きでしょう。また、このようなプレート運動から引き起こされる大規模な地殻変動には、はっきりとした規則性と反復性が見られることも、心得ておいたほうがいいでしょう。

今まで、地震の空白域といわれる部分には、通常の地震活動がほとんど起こらなくなり、突然、大地震が発生すると見られてきました。ところが最近の地震を調べてみると、必ずしもそうではないということがわかってきました。大地震の発生する前には、震央（地図上の震源地）付近では、むしろ地震活動が活発になるところ（異常活動域）が出てきて、さらにそれがある方向に移動しながら進行していくと、基本的にその先にある、これまで通常の地震活動が見られなかったところで大地震が起こっているという事実がわかってきました（詳細は第4章）。

近年に起きた阪神・淡路大震災、鳥取県西部地震、新潟県中越地震などの3つの直下型地震の前には、どうやら本震が起きた付近で、おおよそ30年前からできていた〝地震の目〟のなかで、地震活動が活発化する現象が見られています。これは、「〝地震の目〟のなかに生じた異常活動域付近において、直下型地震が発生している」ということも意味しています。

琉球大学の木村政昭名誉教授は、地震と火山の対応関係や前述した〝地震の目〟（同教授はこれを「サイスミック・アイ」と名づけています）をキャッチできれば、地震の〝早期発見〟が可能だとしています。そこで本書でも、木村名誉教授の力をできるだけお借りするべく、監修者としてご協力いただきました。ここに改めて、謝意を申し上げます。

詳細は本編に譲るとして、本書では、最新の知見と情報をもとに、今現在、日本列島とその周辺がどのような地震の危険にさらされているか、明らかにしていきたいと考えています。

なお、本書をまとめるにあたって、地球の内部構造や相模トラフ沿いの地震、サンアンドレアス断層などについては、１９９２年に出版された木村名誉教授の著作『噴火と地震～揺れ動く日本列島』（徳間書店刊）でも記されていますが、同書は現在、入手が困難です。しかしその内容は、とくに地震予知の面で、発刊当時よりもむしろ今こそ手にしたいものであり、そうしたことから重要部分については著者のご了解を得、改めて再構成して執筆したことをお断りしておきます。

２００８年8月吉日　　編集工房SUPER NOVA

◎目次——Contents

第1章 地球型惑星で起きる地震

第4章 地震と噴火の規則性からわかること

第6章 来るべき地震に備えて

●写真提供――共同通信社／野崎保／阪神・淡路大震災記念 人と防災未来センター／毎日新聞社／やす事務所 他、絵画等は「〜蔵」として所蔵先を示した。

序章

首都圏直下型地震・宮城県沖地震は切迫しているか？

0-1

〝地震予知〟へのイントロダクション

地震予知の可能性があるのは、東海地震のみ

2008年5月の本稿執筆時点で、1995年の兵庫県南部地震（阪神・淡路大震災）以降に発生した地震を列挙してみましょう。2000年鳥取県西部地震（震度6強）、2001年芸予地震（震度6弱）、2003年宮城県北部地震（震度6強）、2003年十勝沖地震（震度6弱）、2004年新潟県中越地震（震度7）、2005年福岡県西方沖地震（震度6弱）、2005年宮城県沖地震（震度6弱）、2007年能登半島地震（震度6強）、新潟県中越沖地震（震度6強）……。

おもな地震だけでも、こんなに起きています。1926年以降2005年12月までの80年間に、最大震度5、または5弱以上の地震は292回起きていますが、なんとそのうち93回が、最近の5年間で起きています。

最近、観測網が密になったことでこれまで取り逃がしていた局地的な大揺れをとら

えられるようになったことも、事実です。けれども、西日本ではこれまで、地震の活動期と静穏期が繰り返し交互に現れていましたが、どうやら兵庫県南部地震（阪神・淡路大震災）以降、多くの専門家が西日本は活動期に入ったと指摘しています。

しかし、今のところ地震の予知ができる可能性があるのは、残念ながら東海地震だけといわれています。直前に発生する異常な地殻変動やプレスリップ（前兆滑り《すべ》〔詳細は219ページ参照〕）という現象から予知をしようということで、盛んに測地観測がなされていますが、そのほかのプレート境界型地震（昭和東南海地震など）や内陸型の活断層による地震などについては、まだ予知できるほどの体制にはなっていません。

宮城県沖地震に関しては、２００６年1月1日以後30年以内に起こる確率が99％（今後30年以内に震度6弱の地震が起こる確率＝地震調査研究推進本部*資料より。確率は以下同）といわれていますが、この地震についても現在、観測体制はできていないありさまです。

１９９５年1月17日、野島断層が動いて阪神・淡路大震災が起こった当時、地震発生の確率は、最大で8％だと推定されていました。内陸で起きる、断層による地震については、仮に30年以内の発生確率が6％ということは、それこそ明日、阪神・淡路大震災と同じクラスの地震が起きても不思議ではない、ということを意味しています。

＊**地震調査研究推進本部**

1995（平成7）年7月、戦後最大の被害をもたらした阪神・淡路大震災を契機に全国規模で総合的な地震防災対策を推進するため「地震防災対策特別措置法」が制定され、同法に基づき総理府（現・内閣府）に設置された政府の特別機関。「地震防災対策の強化、特に地震による被害の軽減に資する地震調査研究の推進」を基本的な目標とし、「今後30年以内に、震度6弱の地震が起こる確率」「平成20年岩手・宮城内陸地震について、臨時の地震調査委員会を開催し、評価を行った結果」や毎月の地震活動の評価などを発表している。

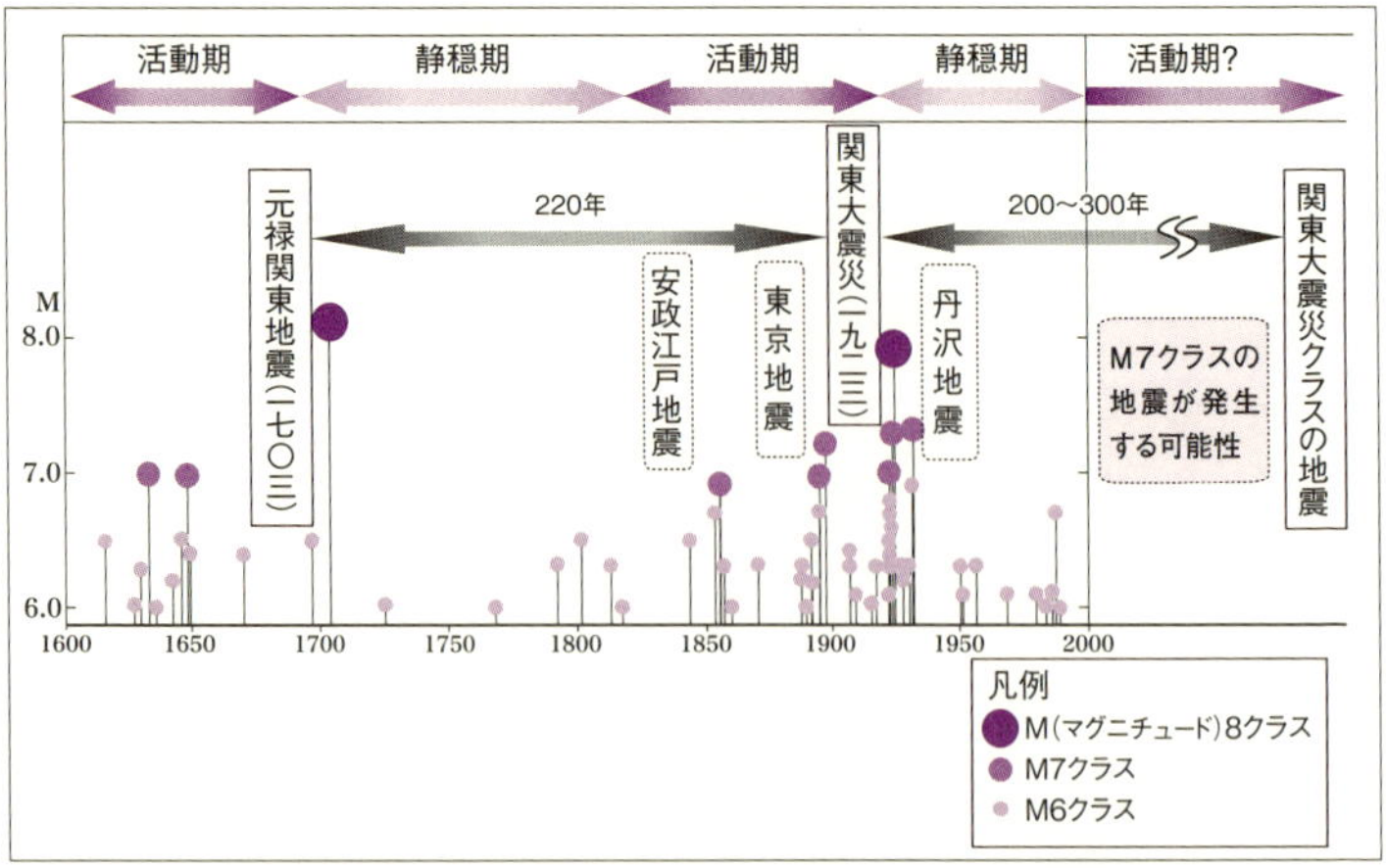

南関東では、200〜300年間隔で発生する関東大震災クラスの海溝型地震の間の後半100年間に、M（マグニチュード）7クラスの直下型地震が数回発生する。大都市直下で発生した場合、多大な被害が生じる

■図1　南関東で発生した地震（M6以上、1600年以降）

（中央防災会議——首都直下地震対策専門調査会資料から転載）

２００４年８月、政府の地震対策専門委員会*は、南関東あるいは首都直下でマグニチュード７（マグニチュードは地震の規模を表す。以下「Ｍ７」等と表記〔詳細は85ページ参照〕）クラス（Ｍ６・８〜７・２）の地震が２００６年１月１日以後30年以内に起こる確率は70％と発表しています。この発表は、首都圏直下型地震が数年以内にも起きる、という切迫性があるということを指しているのです。ただし、内陸で起きると予想されている首都圏直下型地震を予知することは、測地観測の対象となる場所がすべて市街地であり、24時

＊地震対策専門委員会

中央防災会議（118ページの別項参照）には首都直下地震対策専門委員会、東海地震に関する専門委員会、東南海・南海地震等に関する専門委員会調査会など3専門委員会を主として、そのほか大都市震災対策専門委員会が所属している。各地方自治体所属の地震対策専門委員会としても機能しており、たとえば北海道では「北海道防災会議 地震火山対策部会 専門委員会」となっていたり、宮城県では「宮城県防災会議地震対策専門委員会」となっており、その呼称はさまざまである。

間を通じて交通量も多く、実際に人間が動いて活動しているため、事実上不可能なのです。

首都圏直下型地震は切迫しているか？

ここで、中央防災会議の「首都直下地震対策専門調査会」（第1回、2003年）に、資料として提出された「首都直下地震の切迫性に関する指摘」で、述べられている内容を紹介しておきます。

《1940年以降、南関東直下の地震活動は静穏期に入ったが、その後の時間の経過とともに、発生する地震のマグニチュードの増加傾向が見られる。
1950年代　M4クラスの地震しか発生していない
1960〜70年代　M5クラスの地震が発生している
1980年代　M6クラスの地震が各地で発生している
⇓今後は、M7クラスの地震が発生するポテンシャルが高まってくる。》（出典：月刊「地球」号外34「南関東直下の地震活動とその回復現象について」溝上恵氏（東大名誉教授））

また、首都圏での浅発地震（深さ35キロメートル以内で発生する地震）については、どうでしょうか。

《東京中心部周辺の浅発地震（深さ35キロメートル未満）の発生状況による、1980年代前半は、大部分の地震がM3未満であったのが、1980年代後半にはM3級の地震が増え始め、1990年代にはM4級の地震が続発するようになった。⇓1923年関東地震でいったん解放された歪みが再び蓄積されつつあり、当初は弱い部分だけが破壊される状態であったのが、段々と強い部分まで破壊されるようになってきたことを示しているのかもしれない。》（出典：月刊『地球』号外34「南関東直下地震の切迫性」岡田義光氏）

首都圏直下地震の場合、地震が起こるのは明日かもしれないし、30年先かもしれません。ですが今見てきたように、非常に高い確率で30年以内には起こるだろうというふうに、受け取れます。時間が経過すればするほど確率は上がっていくので、30年以内に70％という確率は、明日よりも5年先、10年先のほうが確率が高くなっていくということを示しています。

したがって、その間に被害を減らすための備えをしっかりとしておく必要がある、ということになります。たとえば、耐震補強をする、不燃化を進める、防災街づくりを進めていく……といったことが、その〝備え〟になりましょうし、さまざまな緊急対応を準備するなど、災害が起きたあとの対応トレーニングをしておくのもたいせつです。しかし、それでも不測の事態が起こることはあります。では、私たち個々人はどのように地震と向き合っていけばよいのでしょうか。

ここに、本書の企画意図があります。首都圏直下型地震の被害想定は内閣府のホームページで公開されていますが＊、本書ではこれらの重要な数値はできるだけ示しつつ、可能な限り明確な〝地震像〟をつかめるようにしました。そうすることで、〈起こりうる地震について、より正確な知識を持つことこそ、自分の命を助け（自助）、他人の命を助けること（他助）につながっていく〉（巻末「監修者の言葉」）ことになるからです。正確な情報こそが、地震時の混乱やデマに打ち勝つ強い自信を持つことにもつながっていくことでしょう。

ここで地震調査研究推進本部の資料をもとに、「2006年1月1日以後30年以内に、震度6弱の地震が起こる確率」（図2）を、載せておきました。確率のいちばん高いほうから、想定された震源域を見てみましょう。

＊内閣府ホームページ
防災に関するHPアドレスはhttp://www.bousai.go.jp/。また、中央防災会議のHPには以下からアクセスできる。http://www.bousai.go/chubou/chubou.html。

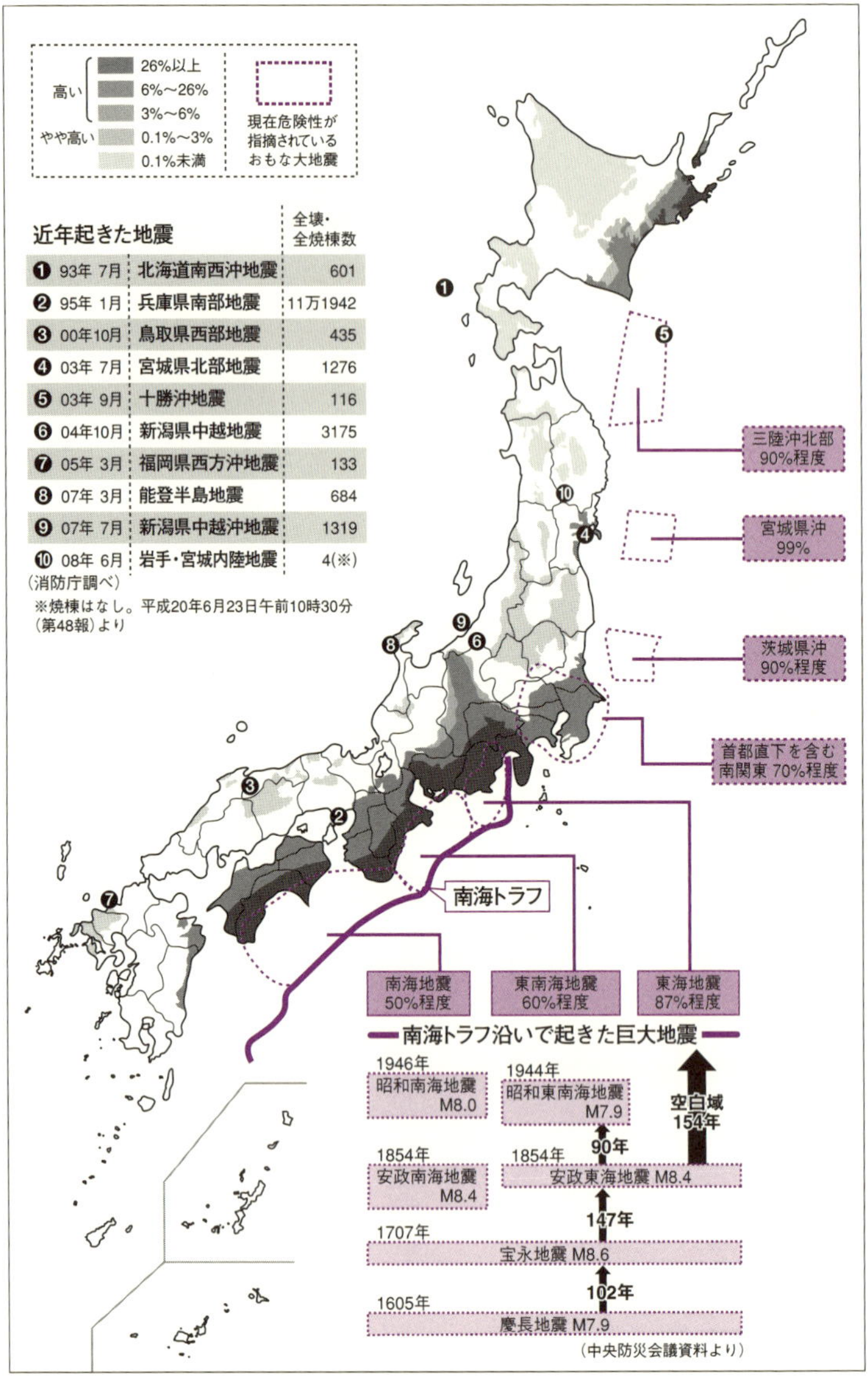

	26%以上
高い	6%～26%
	3%～6%
やや高い	0.1%～3%
	0.1%未満

現在危険性が指摘されているおもな大地震

近年起きた地震

			全壊・全焼棟数
❶	93年 7月	北海道南西沖地震	601
❷	95年 1月	兵庫県南部地震	11万1942
❸	00年10月	鳥取県西部地震	435
❹	03年 7月	宮城県北部地震	1276
❺	03年 9月	十勝沖地震	116
❻	04年10月	新潟県中越地震	3175
❼	05年 3月	福岡県西方沖地震	133
❽	07年 3月	能登半島地震	684
❾	07年 7月	新潟県中越沖地震	1319
❿	08年 6月	岩手・宮城内陸地震	4(※)

(消防庁調べ)

※焼棟はなし。平成20年6月23日午前10時30分

(第48報)より

三陸沖北部 90%程度

宮城県沖 99%

茨城県沖 90%程度

首都直下を含む南関東 70%程度

南海トラフ

南海地震 50%程度　東南海地震 60%程度　東海地震 87%程度

南海トラフ沿いで起きた巨大地震

1946年 昭和南海地震 M8.0	1944年 昭和東南海地震 M7.9	空白域 154年
1854年 安政南海地震 M8.4	1854年 安政東海地震 M8.4	↑ 90年
1707年 宝永地震 M8.6		↑ 147年
1605年 慶長地震 M7.9		↑ 102年

(中央防災会議資料より)

■図2 2006年1月1日以後30年以内に震度6以上の地震が起こる確率
（地震調査研究推進本部の資料をもとに作成）

まず、90％以上の確率で起こるのは、①宮城県沖（99％）、②三陸沖北部（90％）、③茨城県沖（90％）が挙げられます。80％台は、④東海地震（87％）、80～50％台は、⑤首都直下を含む南関東（70％）、東南海地震（60％）、南海地震（50％）などが挙げられています。ただし、東海地震と、東南海地震・南海地震は歴史的に見ても、過去、連動して起こっている場合もあります。

「アスペリティ」概念の導入が、予知につながった！

地震の震源域のなかで、大きな崩れ、大きな揺れを起こす強い地震波が出ると考えられている部分を、「固着域（アスペリティ）」と呼んでいます。地表からのおおむね10～40キロメートルほどのプレートの境界では、プレートどうしが固着しやすい（くっつきやすい）状態となっていることが、最近、わかってきました。プレートの境界面で、部分的に固着の強い場所＝アスペリティでは、海のプレートが陸のプレートの下に沈み込むのにつられて、陸のプレートも一緒に引きずり込まれていきます。

アスペリティの位置や大きさは、地震波を分析することによって推定することができます。最近では、高密度の「全地球測位システム（GPS）」＊によるプレートの観察によって、地震波の記録がないところでも、アスペリティの判別が行われています。

＊全地球測位システム（GPS）
GPS（Global Positioning System）は本来、アメリカが軍事用に開発したシステムであるが、現在はカーナビ（カーナビゲーションシステム）など一般的に使われている。カーナビは高度約2万kmの軌道上を約半日で周回する約30機のGPS衛星のうち、4～5機から電波を受信して自分の現在地を割り出す。同様にしてGPS衛星からの電波を受信することで、さまざまに測位が行われる。ちなみに、GPS衛星搭載の原子時計は衛星のスピードと重力の影響を考慮し、地上の時計より毎秒100億分の4.45秒速く進む。

そして、プレート境界でアスペリティのある位置は、あらかじめ特定の場所に決まっていることがわかってきました。

プレート境界型地震の断層面には、アスペリティと、比較的滑《すべ》りやすい領域（安定滑り域）があり、通常ではアスペリティを取り巻く安定滑り域が、地震波を出さない「ゆっくり滑り」を起こしています。ところが、アスペリティ周辺でゆっくり滑りが進むことでアスペリティに歪みがたまり、限界を超えると一気に破壊されて地震になると考えられています。東海・東南海・南海地震など、巨大な地震の発生する領域には、巨大なアスペリティが存在し、それらが連動して超巨大地震が発生するのに対し、日向灘《ひゅうがなだ》では小さなアスペリティのみが存在し、単独で地震が発生しています。

そのため中央防災会議でも、プレート境界型の東海地震については、アスペリティの状態などを確かめて判定会議にかけることになっています。

本書では、この概念をもとに、宮城県沖地震のケースなどを例に挙げ（第5章）、現在、どのようなケースの場合では予知が可能なのかも見ていきます。

このアスペリティについての理論は、カリフォルニア工科大学名誉教授の金森博雄博士らによって、1980年代に提唱されています。

なお、ここで〝プレート境界型地震〟の代表的なものが〝海溝型地震〟と呼ばれるものです。詳しくは第3章ほかに後述しますが、プレート間地震のなかには、境界型のほか〝海溝型地震〟があり、対応する「プレート内地震」のなかには〝内陸型地震〟や〝直下型地震〟があります。本書では以下、広い意味で示すときはプレート間地震とプレート内地震というかたちで表記していきます。

東海大地震は、はたして発生するのか?

東海大地震については、明日にも起きるといわれたことがあります。東海地方は1974年2月28日、地震予知連絡会*によって観測強化地域に指定されてから、かれこれ34年たちますが、その後、どうなったのでしょうか。その直後の1978年には、地震を予知し、地震による災害を防止・軽減することを目的とした「大規模地震対策特別措置法」*(略称「大震法」)が施行されています。

1990年に、東海のはるか沖でM6~6・5の地震が起きたときにも、東海地域の地震の空白域がドーナツ現象を呈している(第4章に関連記事)という指摘が、関係当局から強く行われてきました。そのため、再び明日にでも東海地震が発生するのではないかと、強く懸念されました。その後2004年、東海地震に関する情報体系が見直されています(気象庁)。それは、「東海地震観測情報」「東海地震注意情報」「東

＊大規模地震対策特別措置法
1978年に発表された東海地震説では震源を遠州灘ではなく駿河湾の奥深く(より内陸)としたため、発生した際の被害の甚大さが全国的なニュースとなって国会で取り上げられ、同年6月に成立した。同法では「地震予知しうる」ことを前提に警戒宣言が発せられる。

＊地震予知連絡会
日本各地の地震について、気象庁や大学などの各観測機関からの情報を集めて来るべき地震について予測する役割を持つ。1969年、国土地理院長の私的諮問機関としてつくられ、任命権者は国土地理院長。実態としては研究会である。

海地震予知情報」など、3種類の情報に関する見直しです。

2008年に入って、地震予知連絡会（会長・大竹政和東北大学名誉教授）は、これまで地震発生の可能性が高い地域として、重点的に調査を進めてきた「特定観測地域」と「観測強化地域」の指定を取り消す方針を決めました。1995年の阪神・淡路大震災以降、国が全国的な地震観測網を整えたことで、地域を特定した観測の意味は薄れ、今回の廃止につながったとしています。これまでは全国8ヵ所を「特定観測地域」、前兆現象があるとされる南関東や東海の2ヵ所を「観測強化地域」に指定してきました。ところが「特定観測地域」では、長野県西部地震（1984年）、阪神・淡路大震災、新潟県中越地震などが起きています。予知連は、指定地域以外でも地震は起きており、全国の観測網も整備されたことから、指定をなくしても問題はない、と判断したようです。

しかし実際、東海地方に地震対策が集中していたことは否めない事実で、阪神・淡路大震災、新潟県中越地震など、内陸型地震が多発したため、このような動きとなって現れたのでしょう。

歴史的に見て、東海地震、東南海地震、南海地震はときとして連動して超巨大地震に発展したことが、過去、何回もありました。これら超巨大地震が発生する「地震の部屋」については、第4章で述べます。

１９４４年の昭和東南海地震のときには、まず遠州灘西方から紀伊半島沖にかけて割れました。次に１９４６年、昭和南海地震で四国沖のほうが割れています。このようにして、２つの地震の部屋が割れたのですが、依然として、駿河湾の部屋（東海地震）のほうはまだ、エネルギーが解放されていません。この東海地震の起こる部屋が近い将来に割れて歪みが解放されないと、フィリピン海プレートが陸のプレートの下に潜っていけないとされています。しかも、通常の地震活動を見ても、駿河湾から東海沖はしばらくは地震の起こらない空白域*だと指摘されながらも、地殻変動が重視されて、地震対策強化地域に選ばれたといういきさつがあります（東海地震については第6章に詳述）。

しかし、このような考え方に対してはまったく別な見方ができます。歴史的な空白域（第1種空白域）や、とりわけドーナツ現象*（第2種A型、B型空白域）を詳しく観察することにより、より精度の高い予知も可能になるのではないかと、本書の監修者でもある、木村名誉教授は述べています（第4章）。

繰り返しになりますが、可能な限り明確な〝地震像〟をつかむことこそ、「自助」と「共助」にもつながり、正確な情報こそは、地震時の混乱やデマに打ち勝つ強い自

＊ドーナツ現象
地震の震源域とおぼしき周辺に、地震の活発なエリアができる状態をいう。地震の空白域（別項参照）周辺に一種の輪のような形で生じることが多いためにこの呼称がなされた。噴火が近づいた火山にも、ドーナツ現象が起こることがある（本文131ページに詳述）。

＊空白域
「地震の部屋」（本文126ページに詳述）の中にあって、しばらくの間、通常の地震活動が起こっていないエリアのことをいう。この空白域には、地震ストレスがため込まれている可能性が高く「関東では地震が69年おきに起こる」といった周期説の基にもなっている。

信を持つことにつながっていきます。

「地震と噴火の時空曲線《ダイヤグラム》」は、何を物語っているのか

前項でも述べたように、東海地震が警戒されていて「観測強化地域」にまで指定されたのですが、以来、くるぞくるぞといわれたわりには、東海地方に大きな地震は発生していません。私たちが東海地方に気を取られている間に、1995年の阪神・淡路大震災以降、次々に内陸型地震に襲われ、2005年の福岡県西方沖地震、2007年には新潟県中越沖地震に見舞われ、大きな被害がもたらされました。福岡県西方沖地震などは、特にこれまで地震が発生したことがない地域で、当然、誰も予想していませんでした。

そのような状況にあって、阪神・淡路大震災や新潟県中越地震を予想してきたのが、本書の監修者・木村名誉教授です。同教授は、この2つの地震のみならず、北海道（北海道南西沖地震）から沖縄（石垣島南方沖地震）まで、発生した大地震を予測し、次々に的中させてきました。さらに地震の発生と火山の噴火とは深い関係にあり（プレート・テクトニクス理論）*、双方の動きを観察することにより、ある程度、地震の起こる場所などを絞り込める、としています。そのような考えに立って、伊豆大島・三原

＊**プレート・テクトニクス理論**
地球の表面は、いく枚かの巨大な「プレート」という岩盤で覆われている。プレートは地球内部から湧き上がってくる高熱の「マントル」が冷めて固まってできたもので、次々とつくられ続けるためプレートは移動を始め、行き着く先で他のプレートとぶつかり、互いに押し合いへし合いを繰り返す。こうした地殻の流動をとらえた理論をいう。地震はその過程において発生する（本文49ページに詳述）。

山や三宅島の噴火も実際に予測し、的中しています。多くの地震学者にとっては、地震と噴火はまったく別のものだと理解されていますが、応力と歪みの解放*という、力学の原点に立ち返れば、関連性は大いにあるのではないでしょうか。

本書では、そのプレート・テクトニクス理論を紹介するとともに、〝地震と噴火のダイヤグラム〟*などを取り上げました。

＊地震と噴火のダイヤグラム
簡単にはプレート運動により断層という“切り傷”に歪みがたまり、その歪みが火山に及んで噴火するという説。断層に歪みがたまるとまず震央から近い火山が噴火し、次に遠い火山が噴火し、最後にその断層で地震が起こるというデータに基づいたもの（本文136ページに詳述）。

＊応力と歪みの解放
地震活動に即していえば、その発生はあくまでもプレートの運動による圧迫（応力）である。それにより断層などにストレス（歪み）がたまって、歪みが堪えている限界を超えると、地震が起きることによって歪みが解放される。

0-2

四川《しせん》大地震への緊急レポート

衝撃的な四川大地震の発生

２００８年５月12日14時28分に中国・中西部の四川省《しせん》で発生した四川大地震は、直後にＭ７・９と発表されましたが、のちＭ８・０（Mw〔モーメントマグニチュード〕*も８・０）に更新されました。

インド亜大陸*などが載ったインド・オーストラリアプレートは、１年間に数センチというスピードで北に動いていて、中国やヨーロッパなどユーラシア大陸の大部分が載ったユーラシアプレートを圧迫し続けています。そのためヒマラヤ山脈やチベット高原のような高地ができ、今もなお、強い圧迫の影響を受け、高くなり続けています。

静岡大学の林愛明《りんあいめい》教授（地震地質学）の現地調査によれば、四川大地震では、竜門山断層帯を形成する主要な３本の断層のうち、２本が連続して動いたことがわかりました（『朝日新聞』２００８年５月27日付朝刊）。ずれた断層の長さは、総計３００キ

＊インド亜大陸
プレート・テクトニクス理論によれば、原始大陸パンゲアから分離・移動した大陸（インド大陸）がユーラシア大陸に衝突し、そのためにヒマラヤ山脈が隆起したとされる。この動向から“亜大陸”と表現される。

＊モーメントマグニチュード
地震モーメント（発震機構を2組の偶力で表したときの偶力の大きさ）をマグニチュードに換算する考え方。地震を起こした断層運動の規模に関係するので、巨大地震の際によく用いられる（本文90ページに詳述）。

ロメートルに達し、断層のすぐ上にある建物はことごとく崩壊していたということです。

林教授によれば、地表に現れた断層の状況から判断して、今回の地震では初めに「灌口《かんこう》―安県《あんけん》断層」の一部が約100キロメートル以上動き、続いて「北川《ほくせん》―映秀《えいしゅう》断層」の一部が200キロメートルにわたって動いたと見られ、断層の垂直方向の段差は、灌口―安県断層沿いで最大約3メートル、北川―映秀断層沿いでは約5メートルに達していたということです。

四川大地震は〝サイスミック・アイ（地震の目）〟で予測可能だった!?

そうしたなか、監修者の木村名誉教授は、この四川大地震は〝サイスミック・アイ（地震の目）〟で予測できていた可能性があると指摘しています。ここではその予測の仕方を、ざっとご紹介しておきます。このサイスミック・アイによる予測については、第4章で詳述していきます。

さて、四川大地震に関する地震データは、世界地震センター（ISC）*、解析ソフトはSeis View*を用いたものです。このソフトを用いれば、ある特定の場所で、いつからいつまでというふうに時間の幅を決め、M5以上というように地震の規模を入力

＊Seis View
別項のISCからの情報を読み解くソフト名。東京大学地震研究所地震予知情報センターの登録研究者は「webSEIS」にアクセスすれば、世界各地の地震情報などを許可を得て見ることができる。たとえばここ1ヵ月のM5.5以上の地震等々を調べることができる。

＊世界地震センター（ISC）
International Seismological Centerのことで、世界各地の地震活動、震源速報、地震のメカニズム等を把握している。同センター発表のwebSEISで検索できるデータは、イギリス国際地震センター、気象庁、国立大学観測網の3種類がある。

すれば、時間が経過するにつれて、M5以上の規模の地震がどこで起きたかを次々と地図上にプロットすることができます。

図3は四川大地震が起こる前までの、M6・5以上の地震が起きたときの震央（地震の中心）の分布状態を示したものです。このあたりでは、1833年の雲南嵩明柳林地震（M8・0）、1950年の西蔵察隅地震（M8・5）、1973年の四川炉霍地震（M7・9）など、3つの地震で囲まれた大円の部分が、歴史的な空白域（第1種空白域）になっています。

次の図4は、同じ期間内に地震の規模のランクを下げてM6以上の地震をプロットしたものです。この図を見ると、その大円にあたる第1種空白域のなかに、目らしきもの（小さい破線で囲まれた部分）が見えているのがわかります。

図5は、同じ期間でさらに地震の規模を下げてM5以上の地震をプロットしたものです。また、図4の地図のスケールを拡大してあります。すると、図3で示した第1種空白域のなかの地震活動が増えており、地震の目（サイスミック・アイ）としたところに地震活動が集中しているようすがわかります。そして、地震空白域の外側の活動域が、地震の目を中心として発達しているようすもわかります。この図によって、いちばん真ん中の中心部がはっきりとした〝目〟だと判断できます。

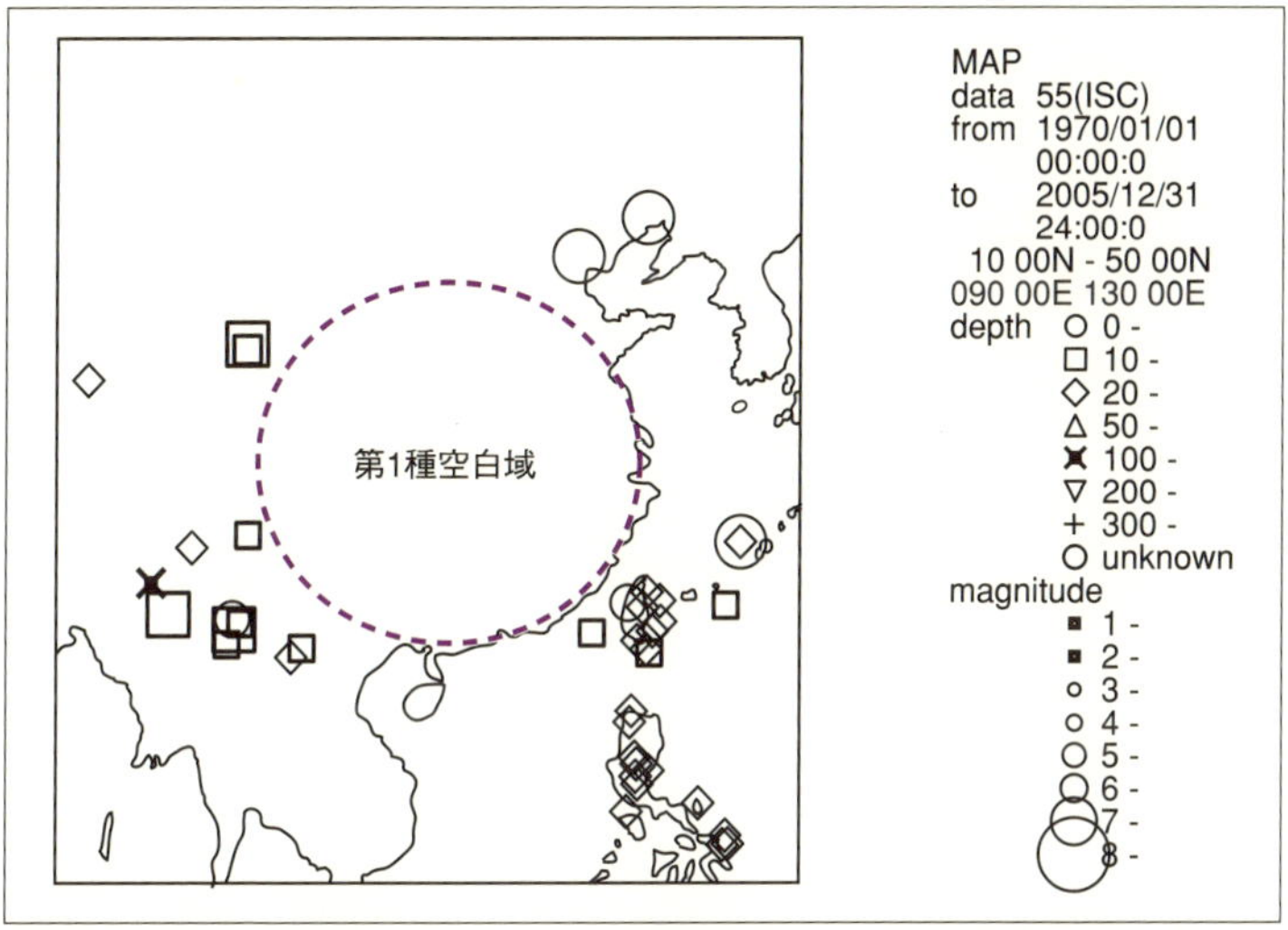

■図3　四川大地震前のM6.5以上の震央分布――第1種空白域を求める（破線大円内）（監修者作成）

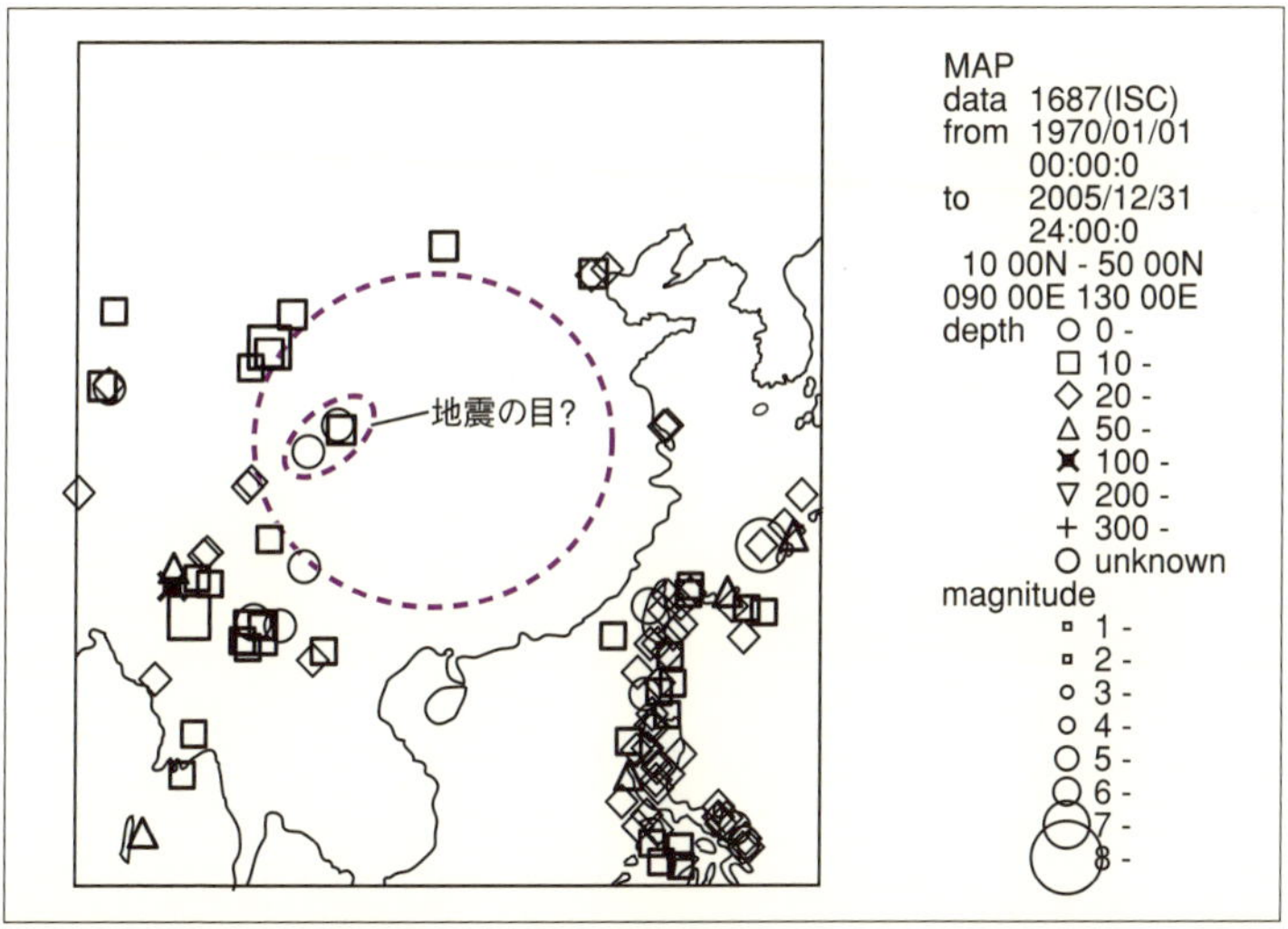

■図4　M≧6の地震活動――第1種空白域の中に“目”が見える（破線小円で囲まれた部分）（監修者作成）

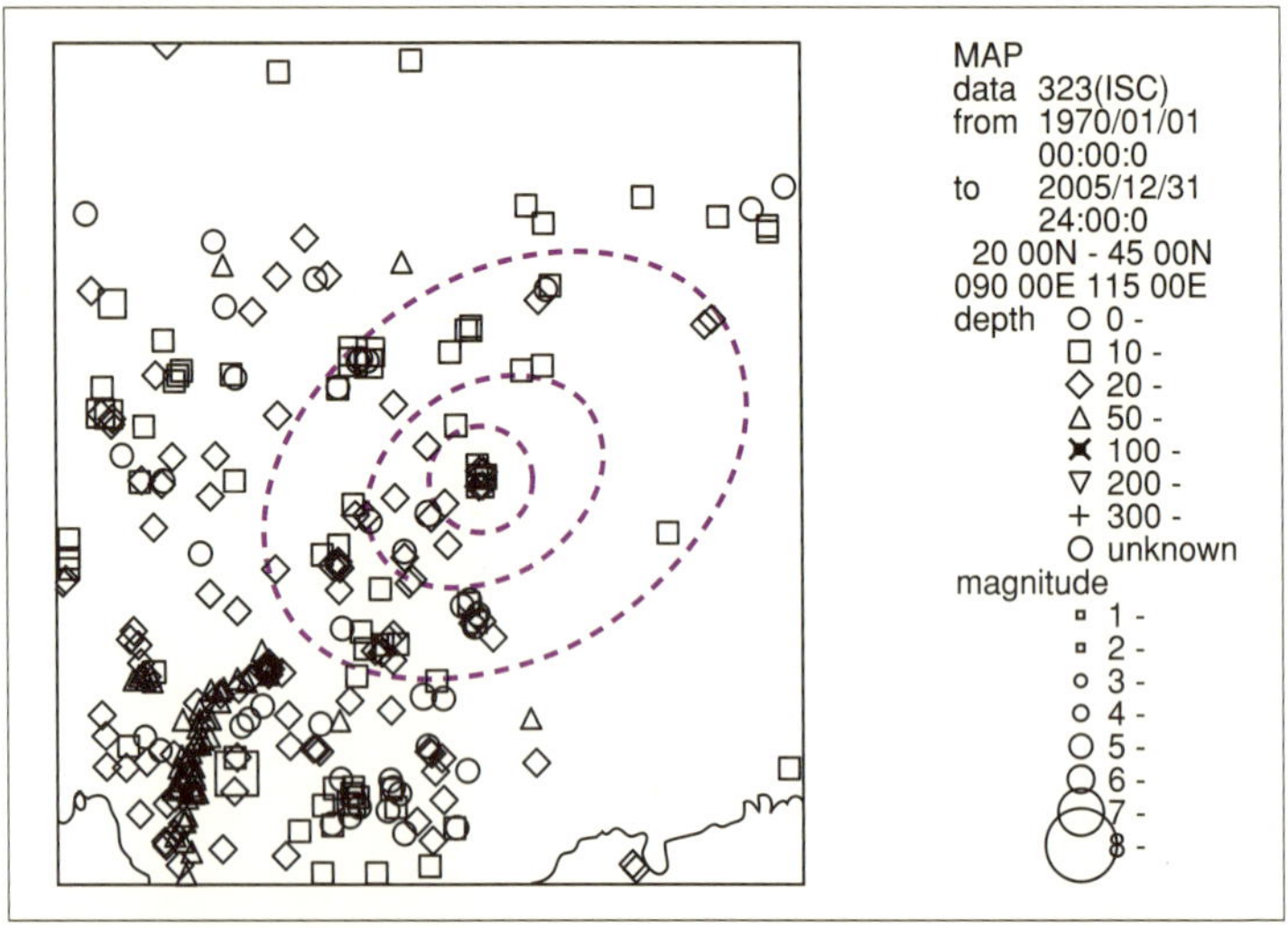

■図5　M≧5の地震活動――図4のスケールを拡大し、活動中心部に“目”を探る（監修者作成）

このようにして、地震の規模をもっと下げて同じ期間内のM4以上の地震をプロットしていくと、〝目〟のほぼ中央――やや南側で2008年5月12日に起こった四川大地震の震央と一致しました。

さらに、同様にして四川大地震が発生する前、1970〜2005年の地震活動を拡大して見てみると、銀河のように帯状に通常地震活動が発生していました。しかもこの間、北東から南西へと地震の活動が移ってきて、やがて2008年になって本震が発生しているのです。

ここでとりわけ重要なことは、

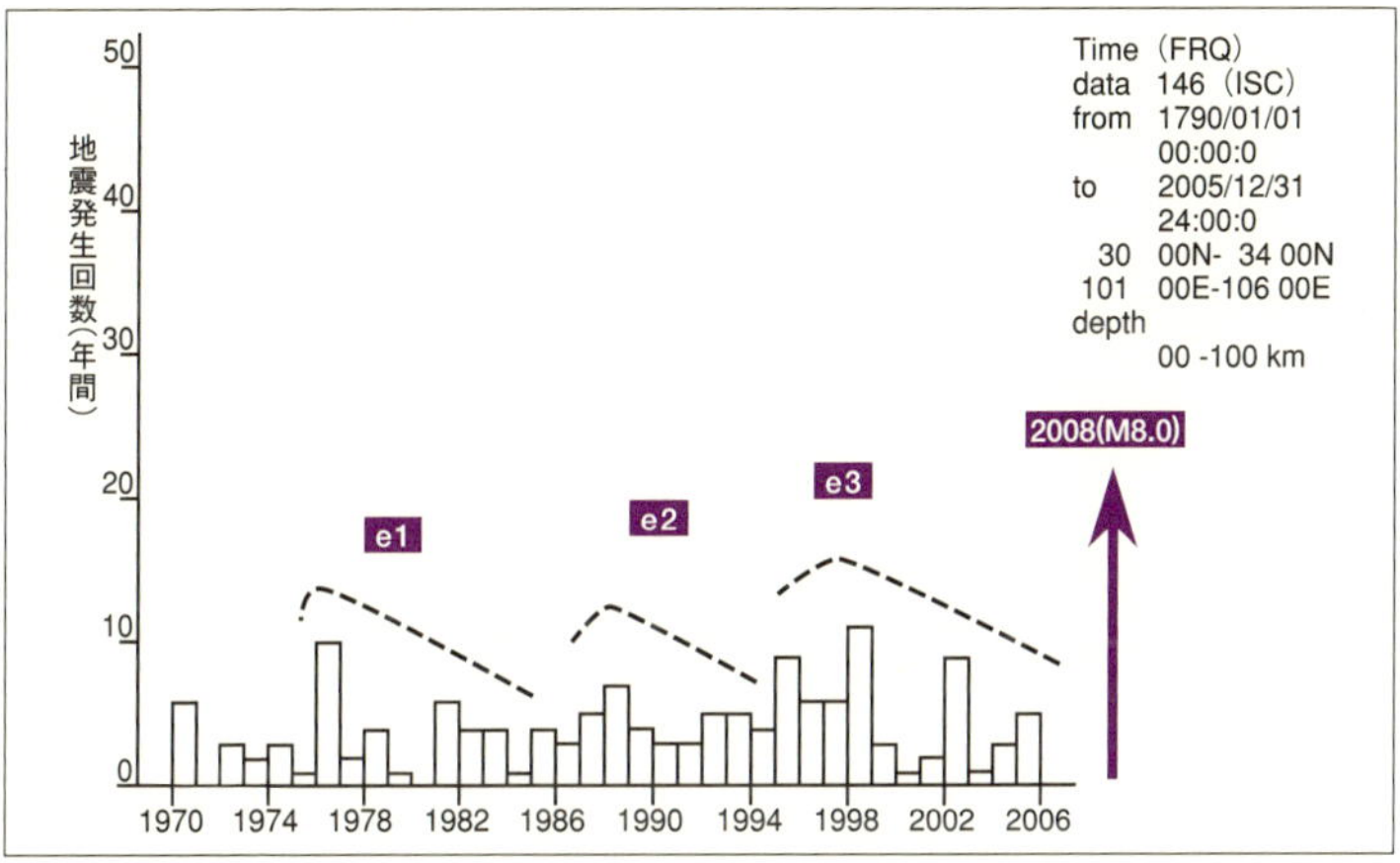

■図6　地震の目“サイスミック・アイ”におけるM3以上の地震の時系列（監修者作成）

本震後の地震活動（余震）は、本震が起こる前とは逆に南西から北東へと、この帯状の地域を逆にたどって起こっていることです。

そして図6は、〝地震の目〟つまりサイスミック・アイで起きたM3以上の地震発生頻度を、年代を追って棒グラフにしたものです。

この図を見ると、地震の発生回数が3段階に分かれていることがわかります。この段階をe1、e2、e3としておきます。〝e〟は、eye（目）を意味しています。

このように、地震の回数が階段状に上昇していくパターンは、日本列島で起きた内陸型地震（阪神・淡路大震災や新潟県中越地震など）や、スマトラ島沖巨大地震が発生する前に生じていた〝地震の目〟のケースとまったく同じような経過をたどっていたことがわかりました。

サイスミック・アイが発生したのが１９７６年ですから、32年目に本震が発生したことになります。

日本の新潟県中越地震、阪神・淡路大震災のときも、サイスミック・アイが現れてからおよそ30年後に本震が起きています。仮にこの〝30年〟という数字に理論的根拠があれば、発生年の予測に、大いに役立つことは間違いないでしょう。

第1章 地球型惑星で起きる地震

1-1 初めに〝地球〟の成り立ちを知ろう

薄い殻と灼熱のドロドロ——地球型惑星〝進化のシナリオ〟

〝地震〟について語る前に、まずはその母体である私たちの住む〝地球〟のことから見ていきましょう。

宇宙空間には、ガスとチリからなる星間雲*が無数に存在しています。その星雲状になった雲はあるとき、たとえば星の一生の最期に起こる超新星の爆発などの影響を受けて、収縮し始めます。太陽系の場合、〝原始太陽系星雲ガス〟としてゆっくり回転しながら、中心に向かってどんどん収縮し、中心に原始太陽がつくられます。

星間雲から原始太陽ができるまで、収縮に要する時間のスケールはよくわかっていないのですが、ざっと100万年ぐらいのオーダーだと考えられています。次に続く凝縮・収縮過程はおよそ1万年、沈殿過程は数千年に及び、その後、沈殿した微粒子が分裂して微惑星が誕生するまでは、わずか10年程度にすぎないと、推測されていま

＊**星間雲**
私たちの銀河系や銀河系外星雲（外宇宙あるいは島宇宙）に見られるガスやプラズマ（おもに陽イオンと電子が共存して電気的に中性になっている状態、電離層や恒星の外気などに特徴的）やダスト（チリ）を総称した表現。宇宙空間で星間物質の密度が周囲より高い領域のことをいう。水素やヘリウムなどさまざまな物質成分が発見され、分子量の大きい有機分子も見つかっている。星は星間雲が引力（重力）で収縮することによって生まれるとされている。

す。太陽系生成の時間スケールからすれば、ほとんど一瞬にして起こった出来事だったに違いないでしょう。

けれども、一瞬のうちに誕生した微惑星が、衝突や合体を繰り返して地球型惑星へと成長するまでには、少なく見積もっても1000万年、長ければ1億年くらいかかったと推定されています。

そのようにして、微惑星は成長していきます。しかし、これらの微惑星がお互いの引力により超高速で（原始地球の）地表に衝突した瞬間、含まれていた水や二酸化炭素（炭酸ガス）はたちまち蒸発します。これが日に何回となく繰り返されるため、その蒸発量は莫大なものになります。蒸発したガスは絶えず地表を覆い、しだいに濃密さを増していきます。

原始地球の半径が現在の地球の20％くらいに達すると、微惑星の衝突脱ガスによって、原始大気ができ始めます。そして半径が現在の35％くらいまで成長したところで、大気の増加率は急激に大きくなります。それまでは20％程度だった脱ガス率が、この段階に至って100％に達するからだというのです。そして、濃密な原始大気と強力な温室効果*により、地表の温度はしだいに上昇していきます。その結果、最終的には地表の岩石が溶けるほどの高温に達します。このようにして、マグマ*の海ができ始め

＊マグマ
プレート（別項参照）は海嶺の下から湧き上がってきて次々に移動するが、このプレートを生み出す海嶺の下には溶けた溶岩があり、これをいう。地下にある流動性の高い珪酸塩混合物で、岩石成分と揮発性成分（主として水）からなる。

＊温室効果
単純に太陽の放射熱を地球放射により宇宙空間に逃すなら、地球の温度はマイナス18℃のはずだが、そうなっていないのは宇宙へと逃げていくはずの地球放射を大気が吸収しているためと考えられ、この吸収効果をいう。炭酸ガスなどにより現在、およそ14℃に保たれている。

ました。

岩石が溶け始める温度は1500K（ケルビン＝絶対温度）＊で、完全に溶けてしまうのは約1700Kだといわれています。1万Kを超すと、マグマの海（マグマ・オーシャン）どころか、すべての物質はガス化してしまいます。けれどもそうならなかったのには、ちゃんとした理由がありました。

大気中の水蒸気の量が増えると、地表の温度は上昇してマグマの面積が増えるので、マグマに溶け込む水蒸気の量が増えます。その結果、水蒸気大気の量が減り、地表からの熱放射（熱を逃がすメカニズム）の効率がよくなるので、地表の温度がしだいに下がっていき、地表は固まり始めます。そうして原始地球が現在の半径の80％程度の大きさになったあたりから、原始地球の成長率は下がり始めます。

そのうち、微惑星の供給（数）も減ってきて、地表で解放される衝突エネルギーも減り、地表温度もしだいに下がります。そして岩石の融解点（溶け出す温度）をずっと下回るようになり、最終的にマグマの海は姿を消し、固まった地表が現れてきます。その結果、また、大気の量は増加します。

地表が冷えるに従い、ある時点で突然、上層の雲が一気に地表近くまで下りてきます。雲の下の乾燥した大気が湿り気を帯びてきて、やがて土砂降りになります。この

＊ケルビン（絶対温度）
熱力学温度をいい、Kで表し「ケルビン」と呼ぶ。私たちがよく使うセルシウス（摂氏）寒暖計と目盛りの間隔は同じだが、零度の位置がずれている。0Kはマイナス273℃に相当し、これが絶対零度である。0℃では水が凍るが、絶対零度では「あらゆる物質が凍る」。つまり、すべての分子の運動がストップする。名称は導入したロード・ケルビン（ケルビン卿）にちなむ。

ようにして、地球最初の雨が降ってきます。この最初の雨は、３００℃近くある高温の雨でした。ほとんど熱湯となった雨は、滝のように降り注いで地表の温度を下げ、大気の温度も下げます。上層部の雲はさらに高度を上げ、新たな雨を呼び、豪雨となって地表を叩きます。このようにして、原始地球に海が誕生したのです。

この説を提唱する東京大学の松井孝典《たかふみ》教授は、ここで注目すべき点を指摘しています。原始地球がある程度の半径を持つようになったところで、微惑星の衝突脱ガスによって、その大気圧が１００気圧以上の濃い原始水蒸気大気が形成されます。松井教授はこの時点での原始水蒸気大気の最終的な総量は１・９×10の21乗キログラムと計算しています。そしてこの数字は、驚くなかれ、現在の海の水の総量１・５×10の21乗キログラムと非常に近いのです。この事実が判明したと

●宇宙空間から見た地球──太陽系の惑星のうち唯一“海”を持つことにより、独特なメカニズムを備えることとなった

き、松井教授は《こうした計算結果を得た時の僕の偽らざる気持ちとして、太陽系第3惑星に〝〈海〉が見えてきた〟》（『地球・宇宙・そして人間』徳間書店刊）と表現しています。

生命が誕生するには、熱源が必要だった

では、原始地球にいつ、どのようにして大陸がつくられていったのでしょうか。このことに関しては、実はまだはっきりと解明されていません。38億年前と推定される地球最古の岩石（グリーンランド・イアス地方の岩石）は、海の底で固まってできた堆積岩*が熱などで変成したものであるため、当時、すでに浸食されるような陸地、成長過程にある陸地が存在したことは間違いないだろう、といわれています。

前述した松井教授によれば、大陸の形成は、少なくとも海ができてからあとで始まったということです。もっとも早い時期を想定すれば、大陸は45億年くらい前に、海の誕生と同時に〝陸地〟の素材がつくられ始め、その後6億年かかって、量としては現在のおよそ70%ほどに達していました。1つ1つの面積は小さく、それらが35～25億年前ごろに集まり始め、25億年くらい前になんらかのひょうしにふわっと集まってきて、大陸の中心核となる部分をつくった——というのが、現在までにわかっているデー

＊花崗岩
火成岩の一種。流紋岩に対応する成分の深成岩。石材としては、御影石とも呼ばれる。大陸や島弧などの陸地を構成する岩石のうちでは最も一般的なもの。

＊玄武岩
黒色、または暗灰色の細かく緻密な岩石で、長石と輝石を主成分とし、全火山岩の95%以上を占める。伊豆大島・三原山の溶岩が流れ込んだ浜辺などで見つかる。

＊堆積岩
「水成岩」「沈積岩」「積成岩」ともいう。堆積することで生じた岩石をいい、これには砕屑（さいせつ）岩、生物岩、化学岩、火山砕屑岩が含まれる。

タをもとにした、大陸形成のシナリオです。

　このプロセスを、もっと細かく見てみましょう。原始地殻がつくられたあと、そこに海が誕生し、さらになお微惑星の衝突が続き、ちょうど月の海に匹敵するような大きなクレーターをいくつもつくって、その底はマグマで埋められていきます。そして、マグマが固まって玄武岩《げんぶがん》*（伊豆大島のような火山島に特有の黒っぽい岩石）がつくられます。それには当然、水が含まれています。水を含む玄武岩は、その後巨大なクレーターの形成によって誘発された火成活動によって再び溶け、地下で固まって花崗岩《かこうがん》*がつくられます。この花崗岩は御影石《みかげいし》とも呼ばれ、石英《せきえい》・雲母《うんも》・長石《ちょうせき》などの鉱物からなる深成岩で、色は白っぽく、磨くと光沢が出てきます。

　このようにして地球がほぼ形成されたあとも、断続的に降ってくる微惑星の衝突により、しだいに大陸の芯《しん》となるような核があちこちに形成されていったと思われます。

　このとき、宇宙塵*も引き寄せられたでしょうし、そこに氷や有機質*がくっついていたこともあるでしょう。そういうものが集まって一定の大きさになると、地殻表面にできたものが地球の中心＝核（コア）に落ち込んでいきます——そして、重力による効果で熱エネルギーが生まれます。そのようにして、中心部はどんどん溶け始めます。

　さらに、放射性崩壊*によって、ある元素が放射能を出しながら鉛に変わっていく過程

＊宇宙塵
星間物質の一種で、宇宙空間に存在する固体の微粒子のこと。「星間塵」ともいう。地球に突入して流星となったり黄道光として見える微少な塵を指す。暗黒物質の候補。

＊有機質
無機質、あるいは無機化合物に対する有機の意。炭素、水素、酸素、窒素の4元素を主とし、生命力を有する意味を持つ有機化学、または有機化合物の略。

＊放射性崩壊
不安定な状態の原子核（放射性同位体）が、さまざまな相互作用によって状態を変化させる現象。α崩壊（核分裂反応）、β崩壊、γ崩壊などがある。

で出るエネルギーにより、地球の中心部はさらに高温になっていきます。溶けていくうちに、軽い元素は地表に上昇して地殻になり、このようにして、地球の階層構造ができていきます。

大陸の地殻ができたころ、地球の内部からは遊離酸素*が発生し、地上の濃厚な炭酸ガスを採り入れて酸素を吐き出す光合成により植物が生長し、さらにそれを食べる動物が現れるといったように、食物連鎖が始まります。

生命が誕生する場所では、熱源がどうしても必要になってきます。熱源として考えられるのは、たとえば現在も深海底で見られるような、海嶺《かいれい》（プレートの噴き出し口）や背弧《はいこ》海盆《かいぼん》の熱水域（詳しくは後述）などが考えられ、生命活動は決して火山活動と無縁ではありませんでした。地球の進化は、ある意味ではそのまま、生命発生の場所を提供することだったといっても過言ではありません。

地球が〝地球〟であるゆえんは、第一に海を持っていること、そして第二に大陸があることです。しかもこの大陸は、地球特有の岩石である花崗岩質のものから成り立っています。確かに、地球の70％を占める海の底は、玄武岩質でできた地殻です。他の地球型惑星の地表が、基本的には玄武岩のような岩石から成り立っていることを考えれば、地球も本質的には変わりありません。ところが、残り30％の地表は、他の惑星

＊遊離酸素
気体分子として存在する酸素のこと。惑星に生命が本当にあるかどうかは、多くの場合、遊離酸素があるか否かでわかる。酸素は反応性の高い元素なので、ふつう、酸化物の形でしか存在しない。生命がいて、光合成が行われていれば、遊離酸素が増えてくる。

には存在しない花崗岩質の層で覆われています。このことこそまさに、地球が〝地球〟である証《あかし》といってもいいでしょう。

海洋地殻をつくっている玄武岩は、マグマ、すなわち地球内部の「マントル」*と呼ばれるものが一部溶け出して噴出し、冷えて固まったものですから、成分としては花崗岩よりマントルに近いのです。軽い花崗岩でできた大陸地殻は、ちょうどマントルの上に載って浮いているような状態にあります。これはいわば、熱い泥流の上に軽石が浮いているようなものです。

＊マントル
惑星などの内部構造で、核（コア）の外側にある層をいう。地球型惑星では金属の核に対し、マントルはかんらん石を主成分とする岩石からなり、そのさらに外側には岩石からなるがわずかに組成や物性の違うごく薄い地殻がある。深さは大陸地下で約40km、海洋の下での約10kmより深く2900kmまでの層。温度は400～1500℃程度。地震波の速度や密度、圧力、温度などはそれぞれの値が地球の中心に向かうにつれ増大していく。融点の違う混合物が部分的に溶解する状態を部分融解または分別融解と呼ぶが、マントルは溶解の度合いにより組成の異なるマグマをつくる。

1-2 〝流動する大地〟が地震を起こす

上部マントルはプレート移動のキーエリア

ここで、地球内部の構造についてふれておきましょう。図7を見てください。地球の中心部に向かって、地表から2900キロメートルあたりのところに、地表をつくる物質に〝不連続面〟があります。これは、地球の中心部をつくっている核（コア）と、マントルの境界です。

核のいちばん内側は「内核」と呼ばれる部分で、鉄とニッケルの合金など、金属の固体でできているとされています。その外側にある「外核」は、金属が溶けて液体となっている部分です。これらのコアの外側を取り巻いているのは、前記の「マントル」という岩石層で、これも、上部マントルと下部マントルに分けられます。

この2つのマントルは、珪酸塩岩石*からなる固体層ですが、酸化鉄の量や結晶構造に違いがあります。上部マントルは、さらにより地表近くの固体部分と、地球の中心

＊**珪酸塩岩石**
地球の内部構造は大きく核・マントル・地殻に分かれるが、そのうち70%を占めるマントルと地殻はおもに珪酸塩岩石でできている。同様に地球唯一の衛星である月は、珪酸塩の岩石からなる地殻とマントルが鉄の中心核を包んでいる。

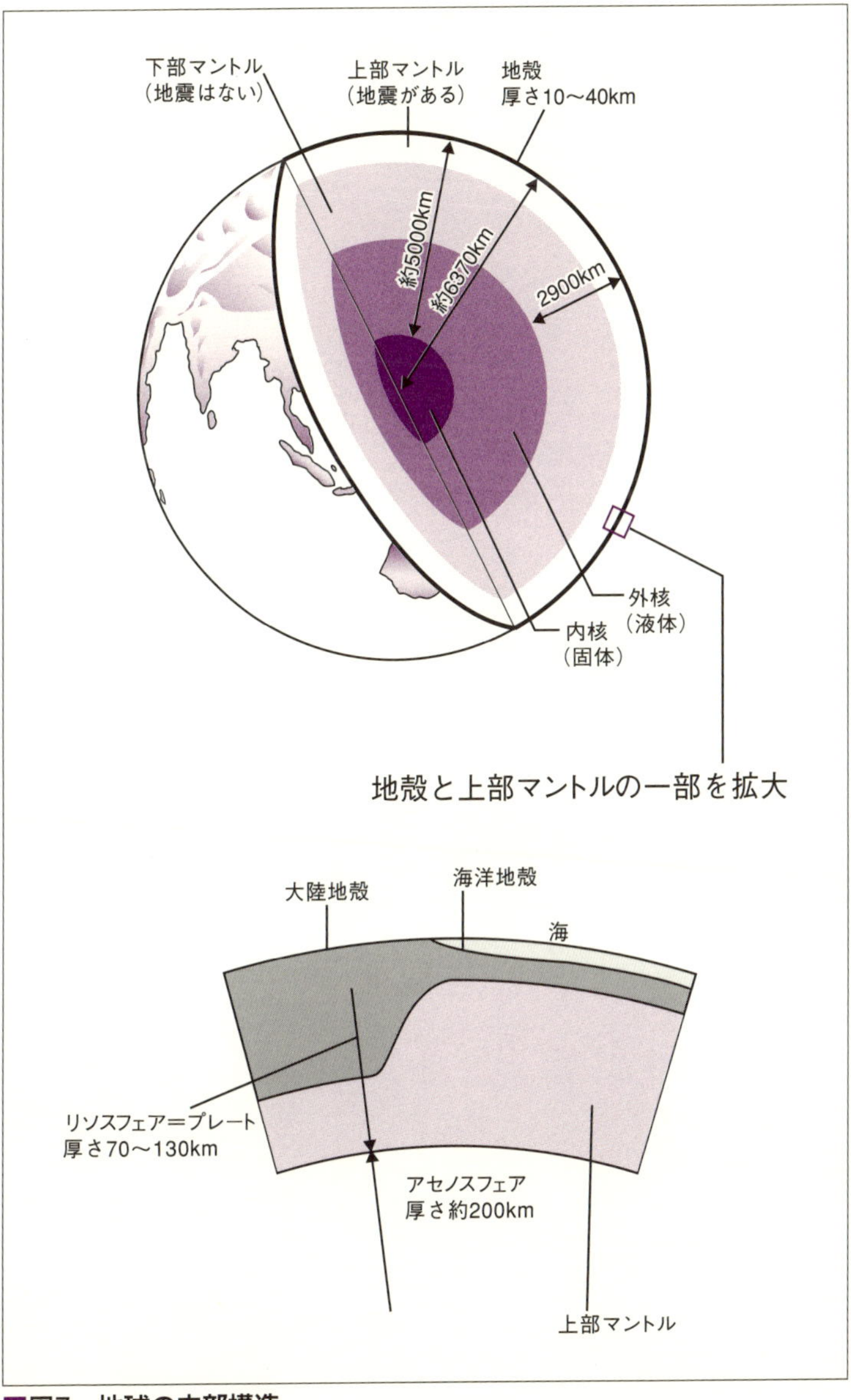
下部マントル
（地震はない）
上部マントル
（地震がある）
地殻
厚さ10～40km
約5000km
約6370km
2900km
外核
（液体）
内核
（固体）
地殻と上部マントルの一部を拡大
大陸地殻
海洋地殻
海
リソスフェア＝プレート
厚さ70～130km
アセノスフェア
厚さ約200km
上部マントル

■図7　地球の内部構造

に近い軟らかい部分とに分けることができます。このうち固体部分と、その上に載った地殻とを合わせて、岩石が動きやすいという点から、「岩石圏（リソスフェア）」と呼び、軟らかい部分は「岩流圏（アセノスフェア）」と呼んでいます。

リソスフェアは一般に「プレート」と呼ばれているものです。このリソスフェア（プレート）は、上部マントルが対流するときに、その上に載っていっしょに少しずつ動いています。

そして、その上部マントルを覆っているのが、地殻です。大陸と海とでは地殻の構造が違うのですが、大陸の下にある地殻（大陸地殻）の厚さは30〜40キロメートル、海の下（海洋地殻）では5〜10キロメートルと薄いのです。

プレートは地殻と上部マントルの一部を含んだものですが、地球型惑星に限らず、惑星の表層を指してしばしば「地殻」といったり「プレート」といったりと混同されがちです。厳密にいえば、この2つの言葉は使い分けられるべきでしょう。

「地殻」という言葉は、主としてマントルとの化学的組成の違いをはっきりさせるときに用います。比重の軽い珪酸成分はマントルより地殻のほうが圧倒的に多く含まれており、さらに海洋地殻よりも大陸地殻のほうに多く含まれています。この構成成分の違いは地震の伝わり方に影響を及ぼします。地表から地球内部に向かう地震波の速度が極端に違うところがあります。これを「モホロビチッチ不連続面*」（モホ面）といいますが、このモホ面より上が地殻で、下がマントルというようにはっきり分かれています。

これに対して「プレート」という場合には、その運動学的な性質に重きを置いていう場合によく使います。

地球は内部の熱をたくみに逃すシステムを持っていた！

上部マントルから下部マントルへと地球の中心に向かうほど、温度が高くなり、岩石層は流れやすくなっていきます。地震が起こりやすいのは、地表から上部マントルまでの間です。地殻に比べてプレートはずっと厚く、少なくとも70～130キロメートルはあります。大陸プレートは、場所によって300～400キロメートルもあるという指摘もありますが、平均すれば海洋プレート同様、100～200キロメートル前後と考えていいでしょう。

このように地球は、中心部の核（コア）、マントル、地殻、海、大気と、その重さの順に層をつくっています。この層になって分かれていることを〝分化している〟といいます。その分化の仕方は、地球という天体の進化を象徴しているといっても過言

＊モホロビチッチ不連続面
地球のマントルと地殻の境界は、1909年、ユーゴの地震学者モホロビチッチが、地震波の屈折（地震波速度の不連続面）により発見。その発見者の名にちなむ名称で、「モホ面」とも略称されている。地震波がモホ面を通るとき、密度の違いから速度が急に変わり、角度によっては屈折を起こす。モホ面は大陸では深く、大洋底では浅くて10～40km程度にある。

ではありません。

一方、地球の内部では現在もなお、岩石に含まれる放射性元素の放射性崩壊（たとえばウラン238などが、α《アルファ》線やβ《ベータ》線、γ《ガンマ》線などのエネルギー（放射線）を放出しながら崩壊して鉛206になっていく過程のこと）などで、大量の熱が発生しています。もしこうした熱をなんらかの方法で宇宙空間に放出できないなら、地球はいまだにドロドロに溶けていたかもしれません。

けれども実際には、地球内部のコア（核）の上半分（外核）が溶けているだけです。地球はこれ以上熱くならないために熱をコアから岩流圏→岩石圏→地表へと向かわせ、さらに宇宙空間へとうまく逃がしているのです。熱を逃がすために、現在、地球は3つの方法を採っています。

①海嶺でプレートをつくりだすこと。
②岩石圏を通して、熱伝導により熱を上部に逃がすこと。
③ハワイやアイスランドの「ホットスポット」*に見られるように、溶岩や火山ガスとして、マントルから直接、物質を出して熱を放出すること。

そして、①のプレートを次から次へとつくりだしているために、プレートどうしのきしみが生じて地震が起き、また、火山が噴火しているのです。「プレート・テクト

＊ホットスポット
プレートより下のマントルで生成されると推定されているマグマが湧き上がってくる場所、もしくはマグマが湧き上がってくるために海底火山が生まれる場所を指す。この典型例としてよく挙げられるのは、ハワイ諸島や天皇海山群である。それらでは、アリューシャン列島とカムチャッカ半島の付け根部分からハワイ諸島まで、「く」の字を横倒ししたように並ぶ古い海底火山（海山）と火山島の列だが、北から順に、古い海底火山や火山島が並んでいることが証明された。そして、それらが軌跡を描いた場所が、プレートの運動方向と一致していた。

ニクス理論」など、地震と噴火のメカニズムを考えていくうえで、地球の内部構造を知っておくことは、不可欠となります（45ページ参照）。

プレートがせめぎあう地球——プレート・テクトニクス理論

マグマの海に覆われていたころの大気が、海の形成によって水蒸気が失われると、一酸化炭素を主成分とする大気に変わります。しかし、大気中に残る水蒸気の光分解で作られる酸素により一酸化炭素は酸化されて、しだいに二酸化炭素（炭酸ガス）に変化します。

海ができてしばらくたったころの地球は、地下にマグマの層、その表面に薄い原始地殻、さらにその上に海が一面に広がり、それらを炭酸ガスの大気が包んでいるという成層構造をなしています。そして、地球の内部で熱対流が起こると、そのままではこの熱は逃げられませんから、熱が盛り上がって海の底の地殻を割っていきます。この割れ目の生じたところが今、「海嶺《かいれい》」と呼ばれるところです。

現在、地球の表面はサッカーボールのように、数枚の大きなプレートで覆われているといえます（63ページ掲載の図13参照）。海の底に開いた海嶺からは、地下の熱いマントルが次々と上がってきてプレートをつくるので、プレートどうしはお互いの境目のところでギシギシと押し合いへし合いしたり、引っ張ったりしします。その結果、比重の軽い大陸側プレートの下に比重の重い海洋側プレートが沈み込むことで、深さ7000メートル以上の「海溝」がつくられます（図8）。このように、プレートどうしに働く力を解明したのが、「プレート・テクトニクス理論」です。

地震が発生する仕組みはこのプレート・テクトニクス理論がもとにあります。プレートどうしのせめぎあいが引き起こす、もっとも典型的な海溝型地震の仕組みはこうです。海洋側プレートが大陸側プレートの下に沈み込むとき、プレートどうしのくっついている面が沈み込む海洋側プレートといっしょに引きずり込まれます。こうして大陸側プレートに歪みが生じ、海洋側プレートの沈み込みが進行するのに合わせて歪み（もとに戻ろうとする力）が大きくなります。そしてあるとき力の均衡が破れてプレートどうしのくっついていた面が滑り、解放された大陸側プレートがもとの位置に戻ろうと急激に跳ね上がるときに地震が発生す

●プレートの動きをまざまざと見せる1973年に西之島新島を生んだ海底噴火

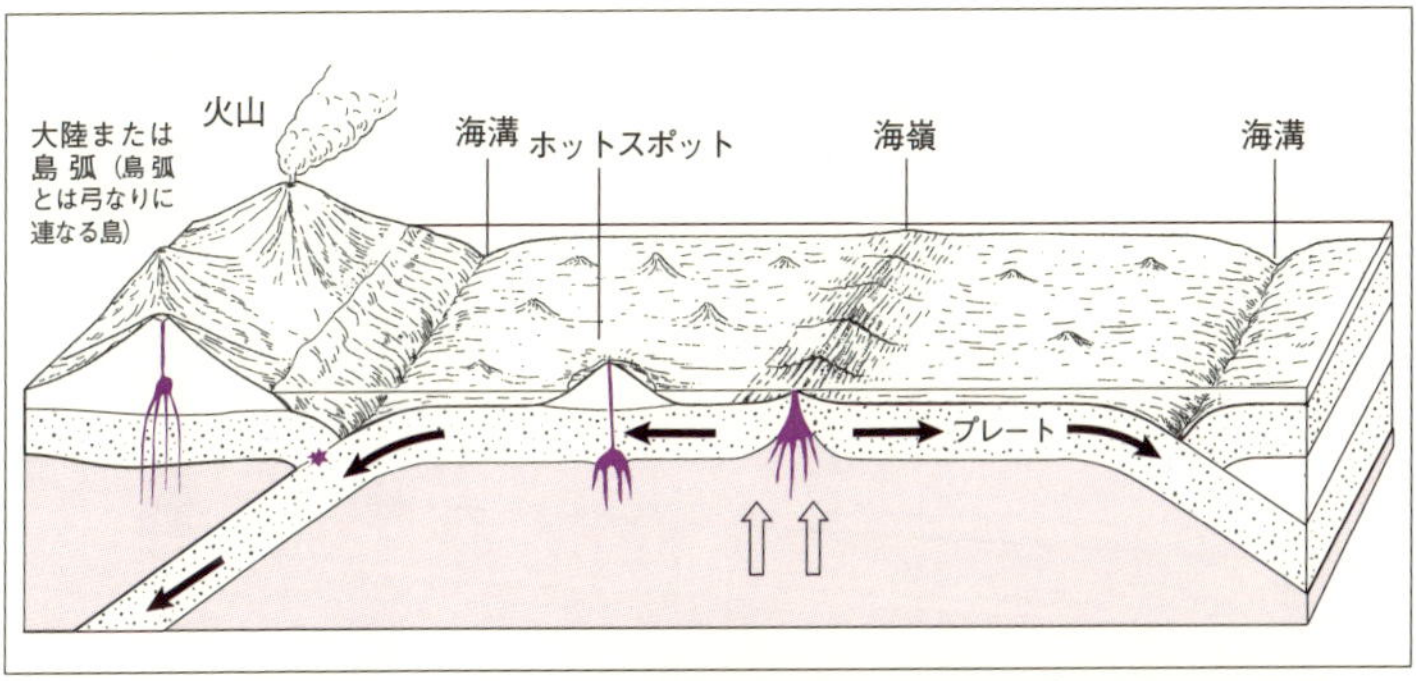

■図8　海嶺と海溝——プレートの湧き出すところ・沈み込むところ

●火山噴火においてもプレートの動きと関連しており、1980年のセントヘレンズ火山の大噴火はそれを如実に示した

る、というわけです。

地球の気候変動にも影響を与えるマントルプルーム

かつては、地殻とその下にマントルがあって、地球表面に現れる現象はすべて、地殻のなか、とりわけ地下数キロメートルにあるマグマだまりがおもな原因だとされてきました。地表に噴き出してくる溶岩は、上部マントルにあるのではないかとも、いわれてきました。ところがその後、地殻とマントルを合わせてプレートと呼ぶようになって以来、マントルの厚さのほぼ真ん中から下にある、かなり溶けていて軟らかい部分、つまりアセノスフェアに原因があるのではないか、という説が登場しました。

けれども最近になって、もっと下の、核とマントルの境界にいろいろな原因がある、という主張が受け入れられ始めています。これが「マントルプルーム説」です。つまり、マントルが地表に向かって上昇する柱、マントル柱＝マントルプルームを考えるのです。

このマントルプルームとは、マントルの深部から垂直に上昇してきたマグマが、噴水状に水平に分かれる状態（図9）を想定したものです。「海山《かいざん》」の列が連なっている、ハワイのような火山列島がなぜできたのかを、マントルプルーム説はすっきり説明で

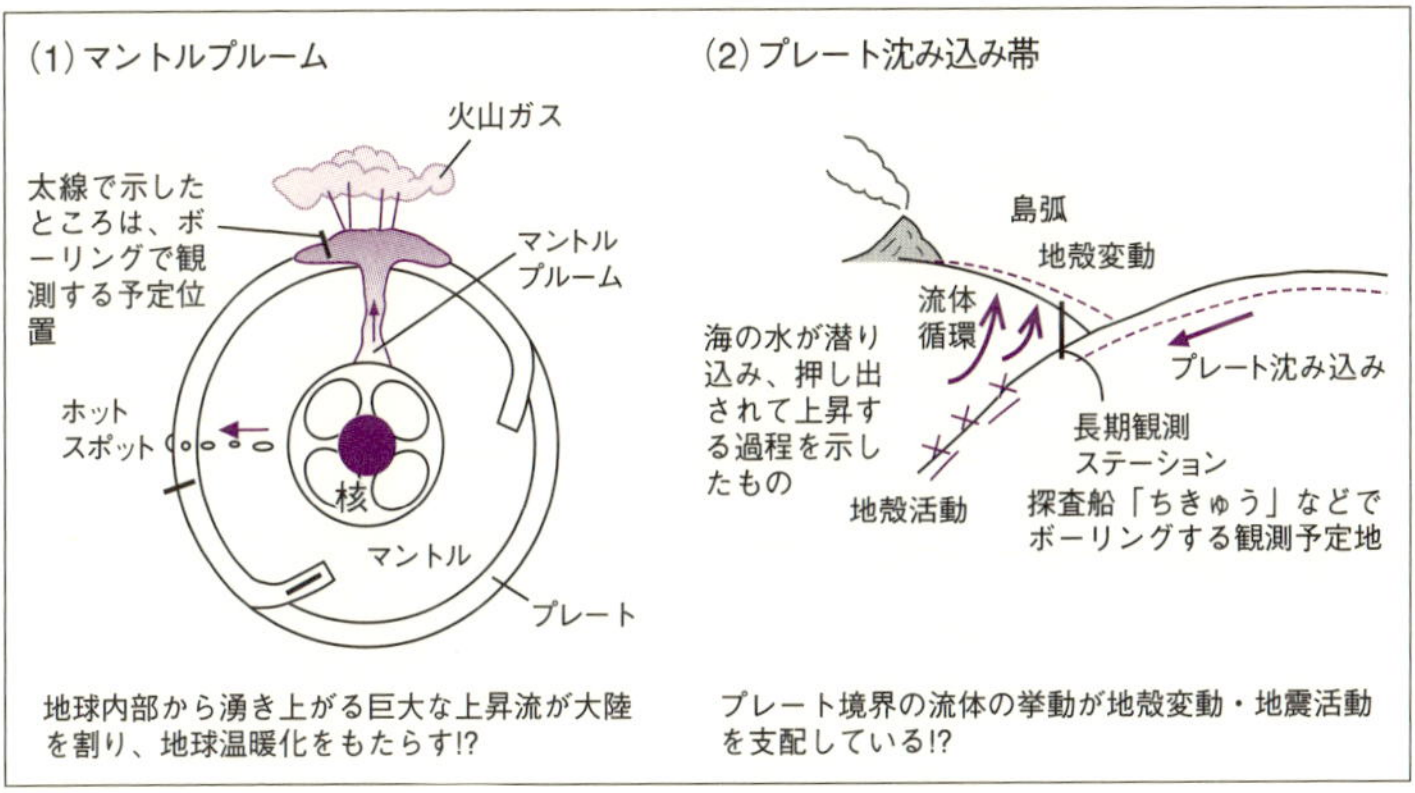

■図9　マントルプルームとプレートの沈み込み帯
(『ODPニュースレター』〔No.11/1992〕より)

きます。

ハワイのマグマは、約1000~2000キロメートルもの深いところから上がってきています。つまり、下部マントルから上部マントルを経て上昇したマントルプルームが、太平洋プレートを突き抜け火山として噴出、それが海山のように成長したものです。

太平洋プレートは東から西へ（日本列島など太平洋西岸に向かって）動いていますから、ハワイの火山島は西から順に噴火し始め、カウアイ島、オアフ島、モロカイ島、ラナイ島、マウイ島、ハワイ島の順に弧を描いたように連なっています。火山島ができた順に、地質も古いことがわかっています。

図9の(1)は、マントルプルームが上がってきて火山が噴火するさまや、海嶺とか沖縄ト—

ラフ*のような背弧海盆で炭酸ガスが噴き出されるさまを示しています。実際、木村名誉教授は「しんかい2000」という深海潜水船に乗って、沖縄トラフの海底から液化炭酸ガス*が泡のように上昇するのを発見しています。このような炭酸ガスの噴出は、おそらく気候変動に大きな影響を与えているに違いないと同教授は考えています。

また、図9の(2)では、マントル対流により、地表からプレートが沈み込んだり、プレートが上昇する過程でさまざまな化学変化を地表にもたらしていることを示しています。

このように見ていくと、地球はマグマを噴出したり、プレートが動くことにより、私たちの環境に大きな影響を及ぼしていることがわかるでしょう。地面から上だけを考えていては、熱などの収支決算が合わないことになります。「バイオスフェア*（地球生命圏）」の将来を考えていくうえでも、このマントルプルーム説は今後、「ガイア仮説*」（地球全体を一種の生命体と見なす発想法）にも、重大な影響を及ぼすものと思われます。

そのため、地球の内部構造を調査する目的で、いろいろな観測計画が進められています。プレート・テクトニクスの実証、あるいはさらによいモデルを求めてポセイドン計画*が進められており、また、マルチエ（MULTIER）*というプロジェクトも立ち

＊**ガイア仮説**
地球とそこにすむ生物が相互に関係し合った環境を“巨大な生命体”とみなす仮説。NASAのJ・ラブロックが提唱。

＊**バイオスフェア**
Biosphere＝生物圏のこと。また、生物が存在する地球全体のことをいう。フランスの博物学者ラマルクによる。

＊**液化炭酸ガス**
気体が冷却または圧縮されて液体になった炭酸ガス。天然由来の炭酸ガスは不燃性ガスで、その多くは火山性である。

＊**トラフ**
「舟状海盆」ともいう。平坦な底と急な斜面を持つ海底の長いくぼみで、海溝よりは浅い地形（本文64ページに詳述）。

上げられています。日本ではすでに、地殻からさらに深いところ（プレート内部）を探るデルプ（DELP）*計画が成果を上げてきています。遠からず、地球全体が連動するリズムが明らかになっていくでしょう。

〝地震の巣〟に、探査船「ちきゅう」が深さ6000メートルの穴を掘る

２００７年９月21日、１隻の船が和歌山県・新宮港を出港、紀伊半島沖の熊野灘へと向かいました。海底下７０００メートルという、世界最大級の掘削能力を誇る地球深部探査船「ちきゅう」の研究航海がいよいよ始まったのです。この船は、巨大地震を繰り返す〝地震の巣〟とされる南海トラフの構造を解明しようと試みているのです。

南海トラフでは、海側から押し寄せてくるフィリピン海プレートが、陸側のユーラシアプレートの下に沈み込んでいます。１９４４年の東南海地震は、この熊野灘で発生しました。

計画では、７ヵ所の掘削地点が南海トラフを縦断しています。７点のそれぞれで６０００〜１４００メートルの穴（直径20センチ）を掘って、地層の密度や音波の伝わる速度、電気抵抗などを測ります。その後２００８年２月までに計３ヵ所で１０００メートルまでの資料（コア）を採取して、より深い地点での掘削に備えます。

＊デルプ（DELP）
「リソスフェア探査開発計画（Development and Evolution of the Lithosphere Program）」の頭文字をとった通称。日本学術会議にDELP委員会が置かれている。

＊マルチエ（MULTIER）
「多圏の地球システムの進化＝非線形システムの相互作用（Multisphere Interaction, Evolution and Rhythm）」を地球の時間的側面から見ようというものである。

＊ポセイドン計画
地震観測ネットワークを作ろうとした計画で、これを発展的に継承した東京大学地震研究所（別項参照）の海半球観測研究センターが、1997年に発足した。

さらに2008年度以降は、3500メートルまで掘り進め、津波の発生に関与していると見られる「分岐断層」＊の解明を目指します。

そして、2010年以降は6000メートルまで掘削して、いよいよプレート境界本体の解明に着手する予定になっています。

海底直下のプレート境界で断層を掘り抜く試みは、おそらく世界でも初めてのことでしょう。海底の調査に南海トラフが選ばれたのは、比較的浅いことと、陸上の観測網が充実しているためです。実際に断層や岩石の状態を調べれば、地震の仕組みを解き明かすことも可能になってくるでしょう。

プレートの境界では、普段は動かずくっついている部分（固着域、アスペリティともいう）が周期的に破壊されて巨大地震を起こす一方で、ほとんど体に感じない「ゆっくりした地震」を起こしながら日常的にずれて動いている区域もあることが、最近の観測からわかってきました。①ユーラシアプレートの下に沈み込む岩石や、陸側にくっついた岩石の物性（特性）が、場所によってどう変わるのか。②岩石に含まれる水はどのような状態で存在しているのか。このような問題点が一部でもわかれば、地震が起きつつあるときのようすなどをシミュレーションすることが可能になってくるでしょう。

＊**分岐断層**

海洋研究開発機構の地球深部探査船「ちきゅう」は熊野灘で掘削調査を進めた結果、海底下300mにその存在を確認した。分岐断層は、フィリピン海プレートと日本列島を載せた陸のプレートの境界から派生した断層。1944年の東南海地震（M7.9）のときに発生した津波を起こす原因になったと考えられている。

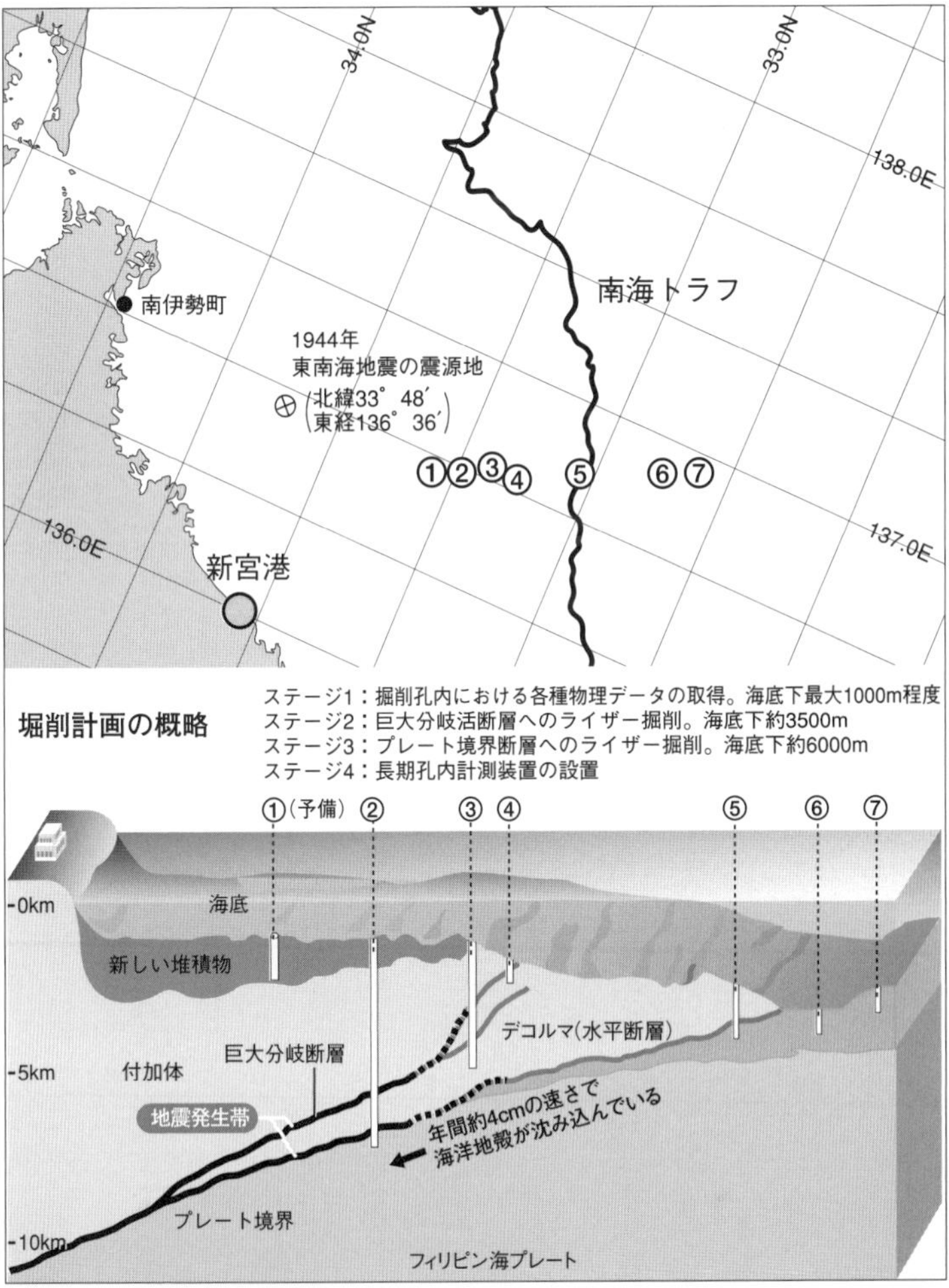

■図10　掘削計画の概略（海洋研究開発室の資料をもとに作成）

＊付加体

駿河湾から紀伊半島沖〜四国沖〜九州沖まで続く南海トラフは、南から押し寄せたフィリピン海プレートが日本列島の下に潜り込む場所となっている。沈み込む際、海洋プレートの上に堆積した堆積物や火成岩がはぎ取られ、陸側のプレートに次々に積み重なる地層が存在することがわかった。この地層（図10、18参照）のことをいい、地球深部探査船「ちきゅう」は、海洋掘削としてこの付加体の最も深くまでボーリングし、海底下220〜400mにかけてメタンハイドレードに富む地層群が存在することを確認した。

海嶺と海溝と地震の関係

プレートは、1年間に数センチメートルというゆっくりした速度で動いています。51ページの図8にあるように、地球の表面にはプレートの噴き出すところ（プレートが生み出されるところ）と、プレートの沈み込むところがあります。プレートの噴き出すところを「海嶺」といい、ここからマントル内のマグマが噴き出し、やがて冷やされて固いプレートになるとされています。海嶺でつくられたプレートはゆっくり移動して、大陸のプレートにぶつかって、その下に沈み込みます。そこが「海溝」にあたるのです。沈み込んだプレートはやがて溶け、再びマントルの一部となって対流すると考えられています。

海嶺は、海底の大山脈のことだと思えばいいでしょう。地球の表面が硬式ボールの縫い目のように分けられているとすると、ちょうどその縫い目の部分にあたります。ちなみに、縫い目の部分にあたる北大西洋のアイスランドでは、海の底にある海底大山脈が陸地にまで及び、陸地が裂けて溶岩が噴き出している（この割れ目のことを「ギャオ」と呼びます）のを、実際に近くに寄って見ることができます。陸地で海嶺を見ることのできる、世界で唯一の場所です。

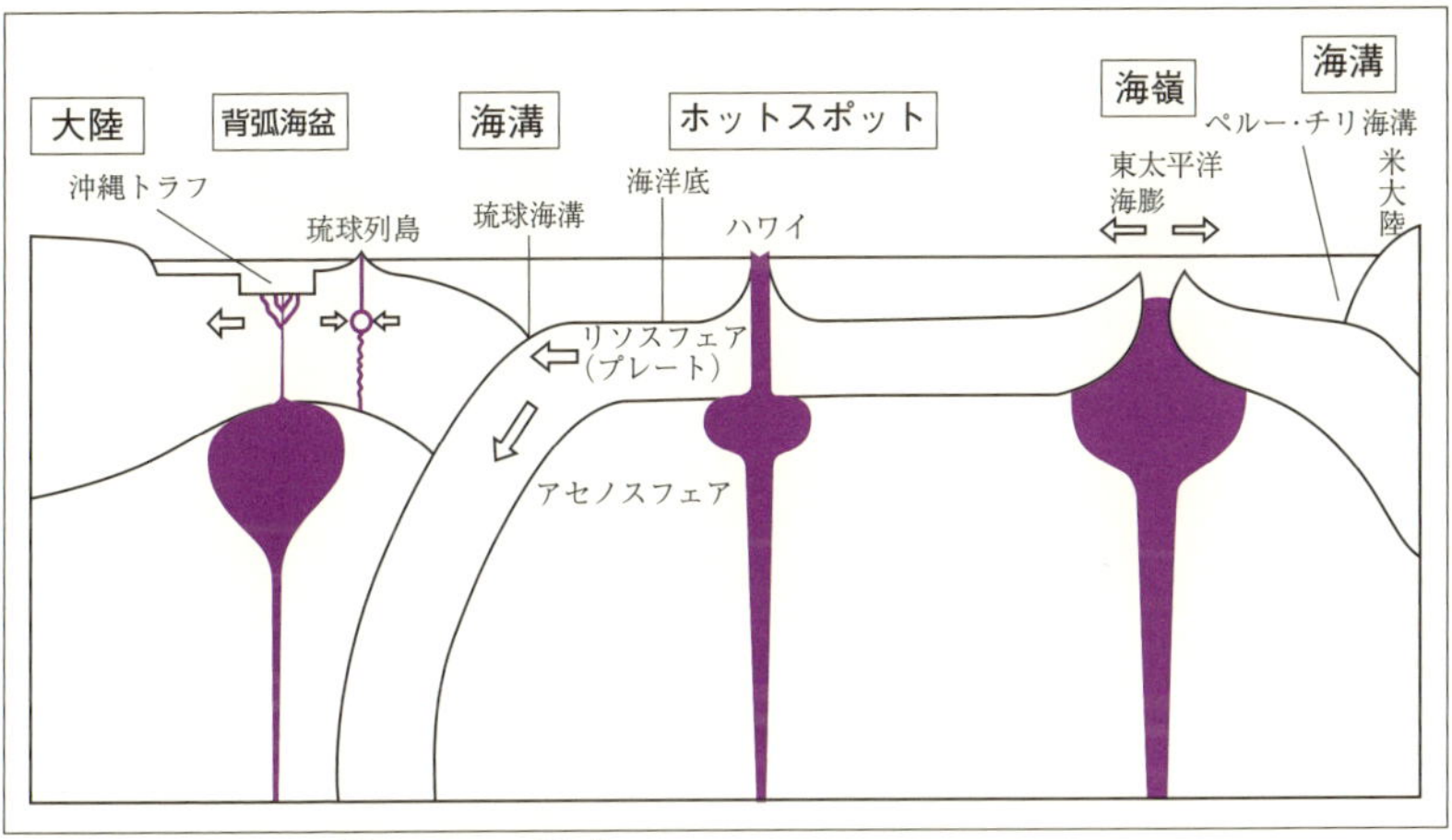

■図11　プレート潜り込みの模式

●上／アイスランドのホイカダルールではプレートの活発な動きにより、地下の水蒸気が地溝から間欠泉として噴き出している。下／同じくグトルフォス（黄金の滝）では、地溝帯に流れ込む水が巨大な滝を形成している

図8は、プレートが生まれる海嶺と、沈み込む海溝を示したものですが、これを図11と12では、南西諸島と太平洋に当てはめて描いてあります。図8の左側の「大陸または島弧」の部分が、図11と12の琉球列島にあたります。その手前の海溝が琉球海溝(南西諸島海溝)、ホットスポットは、ハワイ諸島にあたります。

この図で背弧海盆とあるのは、東シナ海と中国大陸の間のへこんだ地域のことを指しています。太平洋側から見て沖縄や南西諸島という島弧の後ろ側にあたる、海面下の〝盆地〟です。ここには沖縄トラフがあり、地下からどんどんマグマが供給されて地殻を押し広げ、海底火山が活発に活動している、日本でも今なお活動が活発な領域です。

また、図でホットスポットとあるのは、長期にわたって安定してマグマを供給する地点のことで、プレート運動とは関係なく、不動に保たれています。このように、プレート境界に左右されずに孤立して活動する火山のことを「ホットスポット火山」と呼んでいます。このホットスポットの下では、高温のマントルプルームが、細長い煙突状の上昇流をつくっていると考えられています。その代表的な例が、ハワイの火山島群です。前述したように、まずマントルプルームが上昇してきて火山が噴火し、カウアイ島ができてプレートの動きに従って西に移動し、続いてオアフ島、マウイ島、

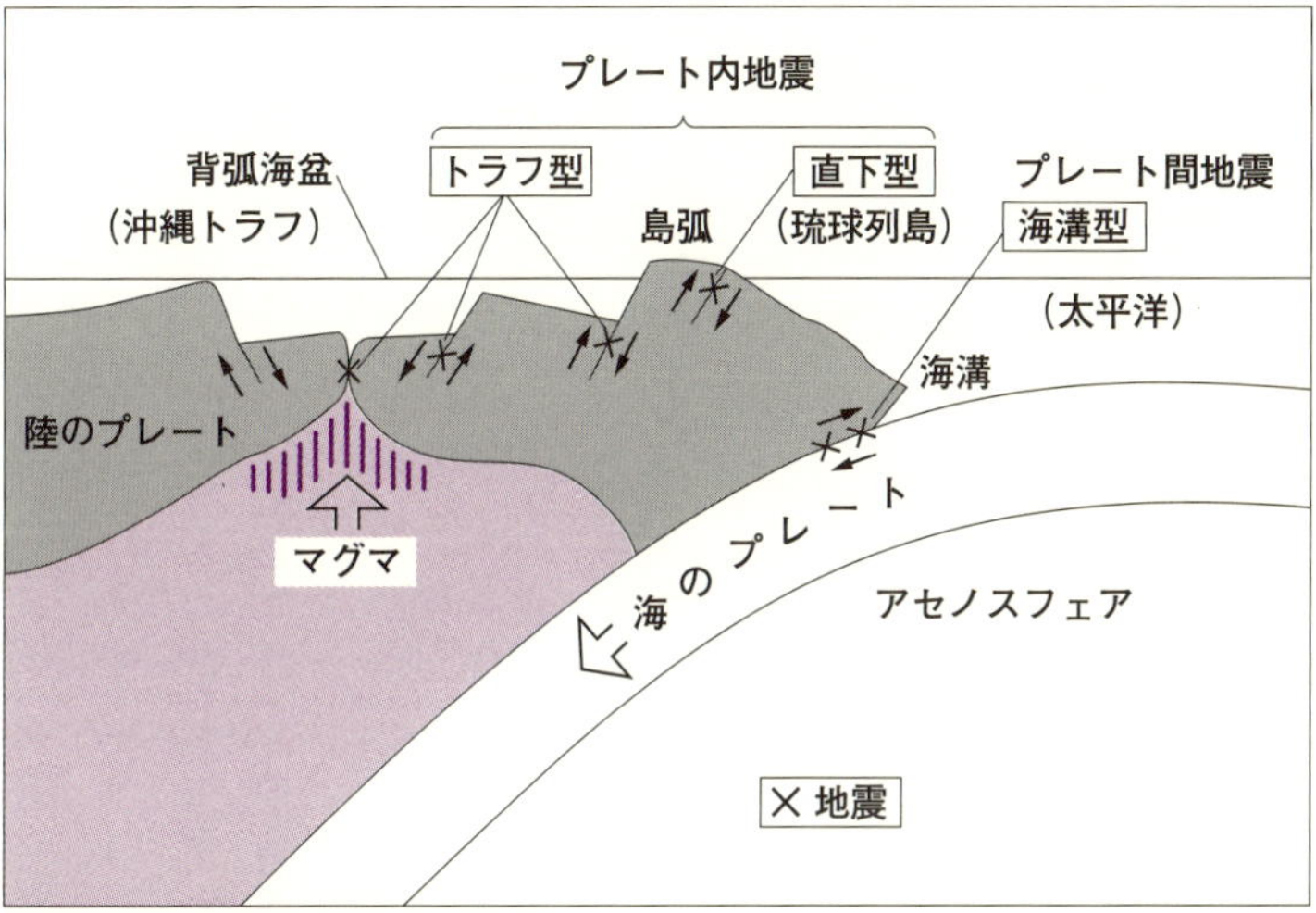

■図12　琉球弧の噴火と地震

ハワイ島の順に噴火してこれらの火山島ができました。

なお、図12は104ページで述べるプレート内地震とプレート間地震での「トラフ型」「直下型」「海溝型」を説明するものにもなっています。

ともあれ、ハワイのさらに東側には海嶺（東太平洋海膨）があり、ここで生まれたプレートの一部は東へと進み、中央アメリカ・南アメリカ大陸のプレートにぶつかり、その下に沈み込んでおり、そこでも海溝ができています。

丸いサッカーボールは、五角形と六角形の革を張り合わせて作られています。それとちょうど同じように、地球の表面も大小さまざまな形の数枚のプレート（板）で覆われています。図13⑵は、地球の表面を覆うプレートを示しています。丸い地球の表面は、これらのプレートによってつぎはぎだらけに覆われています。

ここで、図13の⑴と⑵の2枚の図を見比べてみてください。図13の⑴は、1970～1985年の間に世界中で起きた地震の発生した場所（震央）を、地図上にプロットしたものです。

図を見ればおわかりのように、この2枚の図は非常によく似ています。プレートとプレートの境目が、大きな地震の起こった場所と、ほぼぴったり一致しています。つまり大地震（プレート境界型巨大地震）は、プレートとプレートの境界付近で起こるのです。

とりわけ日本列島の周辺では、北海道・東北・関東では太平洋プレートが北米プレートの下に、伊豆半島から西ではフィリピン海プレートがユーラシアプレートの下に潜り込む付近で地震が多発し、潜り込まれる側の島弧（日本列島）に火山帯ができています。太平洋プレートと日本列島が載っているプレートの境界が、ちょうど日本海溝にあたることになります。日本海溝に行き着いて、太平洋プレートはそこで大陸性地殻の下に潜り込んでいます。

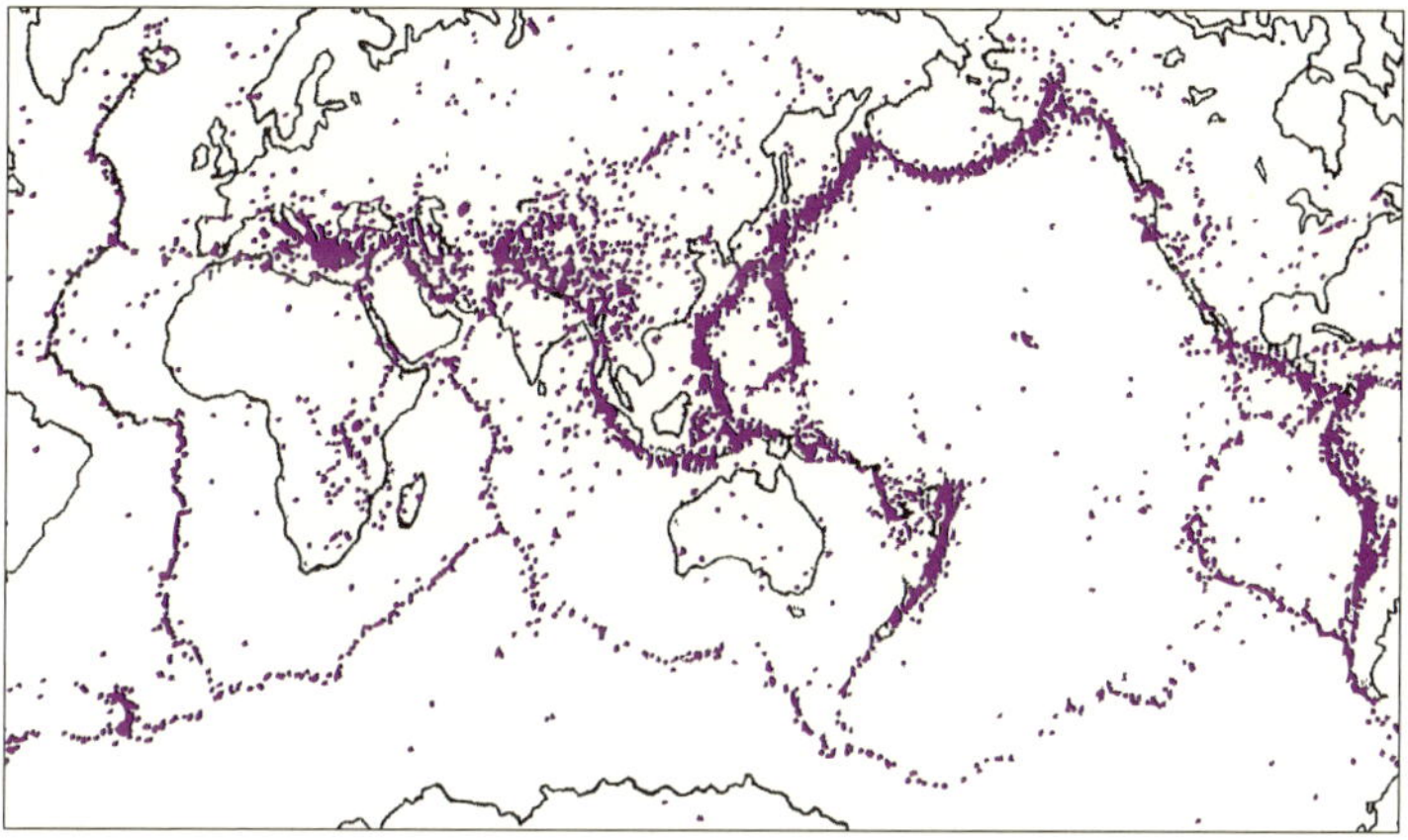

⑴ 1970～1985年にM4以上、深さ100km以下の地震の起きたところ
（『理科年表1990年』による）

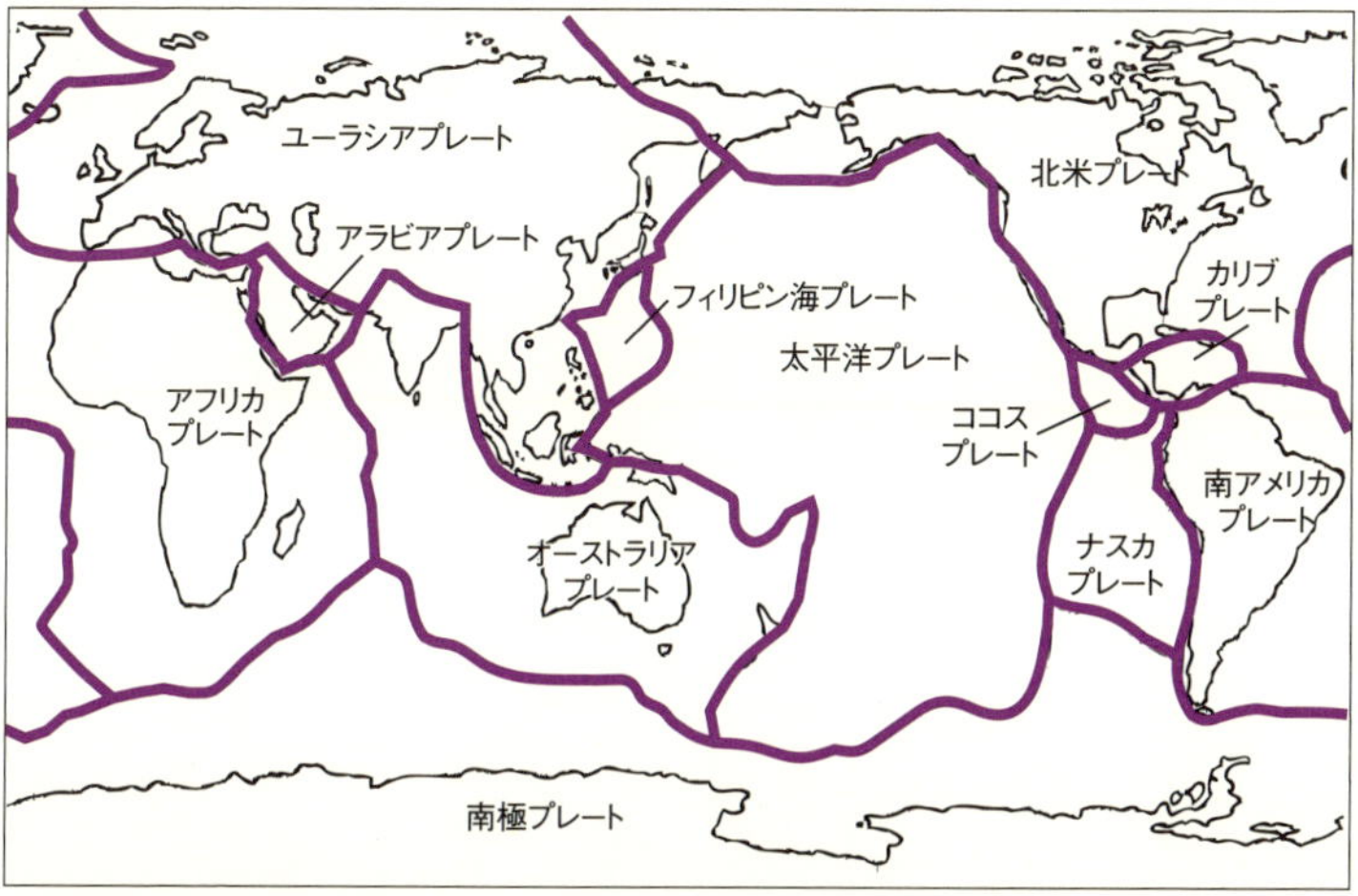

⑵ 世界のおもなプレート

■図13　地震の震央とプレート境界は一致する

海側のプレートが押して、富士山を日本一の山に高めた

　では日本周辺は、どのようなプレートから成り立っているのでしょうか。研究の初期のころは、ユーラシアプレートとされ、ヨーロッパから日本までずっと続いており、ソ連や中国を含んで大西洋側まで広がっているとされていました。ただ最近、東日本は北米プレートの一部であるとされています。「オホーツクプレート」*という考え方も提案されています。

　図14で見ると、プレート境界は日本海溝から枝分かれして、相模トラフとなっています。これは、相模湾に入ってくる海底の溝状になった部分のことを指しています。「トラフ」というのは、細長い海底のへこみで、「舟状海盆《しゅうじょうかいぼん》」ともいいます。相模トラフは、伊豆半島の北のある地点で、日本列島に上陸します。そのあと、相模トラフの延長した先端は富士山をぐるりと回り込んで駿河湾に出て、駿河湾から南海トラフに続き、そのまま南西諸島の琉球海溝に抜けていきます。

　伊豆・小笠原諸島（このあたりの海底には、伊豆・小笠原海溝があります）から西側は、もともとフィリピン海と呼ばれている海ですが、ここはフィリピン海プレートとして区別されています。このように見ていくと、関東周辺では東側沖には太平洋プ

＊オホーツクプレート
北米プレートなどに比して小規模プレートで、オホーツク海・カムチャッカ半島・東日本をカバーする小プレートと推測されている。以前は北米プレートの一部だと考えられてきたが、最近では独立した小プレートと考えられており、この北部は北米プレートに基礎を置き、その境界は一種のトランスフォーム型断層になっているという。また、同様にユーラシアプレートにおいての「アムールプレート」も提案されている。

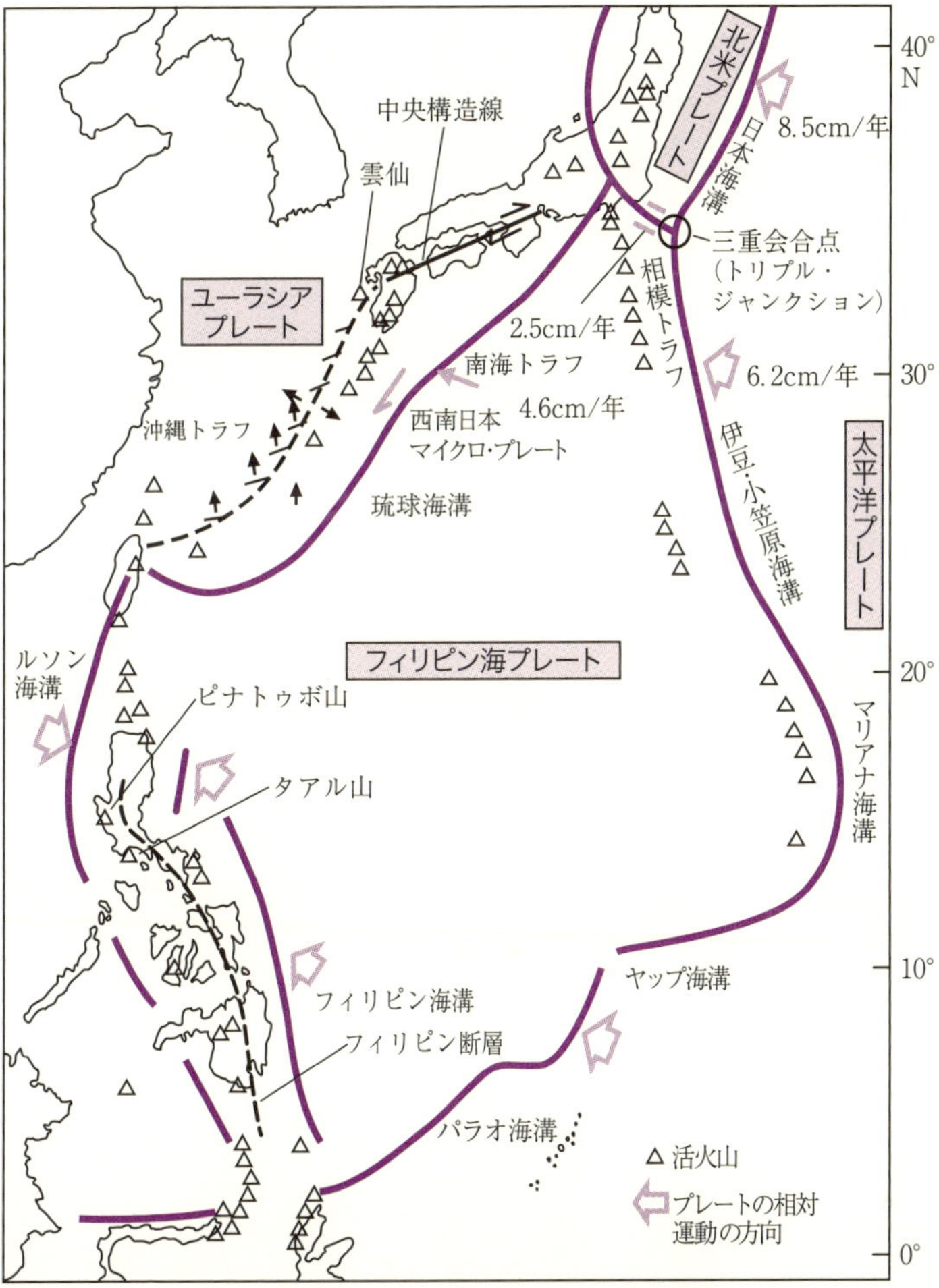

■図14　フィリピン海プレートの境界とその相対運動

レートがあって、東日本の下に潜り込んでいます。相模湾付近では、フィリピン海プレートと北米プレートの境界があります。

フィリピン海プレートの噴き出し口は、ずっと南方のマリアナトラフに1つありますが、北部の伊豆海嶺にはありません。そのため、フィリピン海プレートの北部は、太平洋プレートに押されて北米プレートにぶつかっている、ということになります。

富士山は、ユーラシアプレート、フィリピン海プレート、北米プレートという3つのプレートの会合点（3重会合点=トリプル・ジャンクション——ただし、日本海溝の3重会合点は図14のとおりだが、富士山付近の場所は特定されていない）に近く、しかもフィリピン海プレートは常に太平洋側から太平洋プレートによる圧力を受け続けています。このようなプレートどうしによる押し合いへし合いのため、富士山が日本一高い山になったといっても過言ではないのです。

第2章

プレートが動いた証〈あかし〉

＝地震と火山

2-1 地震と噴火のメカニズム

“なぜ、どのように”地震は起こるのか?

なぜ、地震は起こるのでしょうか? 地震とは、地球内部の岩盤が急激に破壊され、そのときに解放されたエネルギーが地表まで伝わってきて地表を揺さぶる現象だ、ということができるでしょう。

このとき解放されたエネルギーは振動の力として伝わっていきますが(弾性波動)、これを「地震波」*といいます。そして地震波が地表に届いて地表が揺れますが、この振動を「地震動」*といいます。“地震が起きた”とか“地震を感じた”というときの「地震」とは、この地震動を指していっているのです。

最近では、地震は断層によって起きるということが解明されています。断層とは、岩盤が地球内部にかかるストレスに耐えきれないため歪《ひず》んでいき、ついには弾けるように破壊されたときに生じる亀裂のことです。断層は、裂け目を境に、反対方向にず

*地震動
地震によって発生する揺れのことをいう。地震の揺れを震動としてとらえたり工学的に見た概念であり、物理学的に見た場合は地震波(別項参照)と呼ぶ。ただし、ふつうは地震動自体も地震とされることが多い。

*地震波
地震が起きたとき、地震の震源から地震の波が発生する。この主要な波にはP波、S波、表面波の3種類がある。なお、表面波は地球の中を通り抜けられず地表だけを伝わる(本文79ページに詳述)。

れ込みます。このときに生じたエネルギーが地表に伝わる衝撃が、地震動の正体です。地殻がずれたため、そのときに起こる震動で地震が発生すると考えてもいいでしょう。地震とはすなわち断層、と考えてもいいわけで、そうであるならば、プレートの裂け目であるプレート境界で起こりやすい、ということになります。

この地表のずれには、大きく分けて縦ずれと横ずれがあります（71ページ、図15参照）。縦ずれ断層のなかでも、断層面（地殻の切れ目）に沿ってずれ下がるようなタイプの断層群によって起こる地震（これを「正断層型」という）では、あまり大きな地震は起こりません。ところが、逆に地殻がずれ上がるケースがあります（「逆断層型」）。この場合は、地殻がぎゅっと押されて曲がりきれないで、しまいには割れて力を解放する場合によく見られるケースで、かなり大きな地震を起こしやすいのです。正断層の場合だと、どちらかといえば、引っ張られて発生するタイプで、そういうときには震動が少ないため、大きな地震は起きにくいのです。

横ずれ断層の場合も、だいたい圧縮型です。地殻が横から押されているときは逆断層でずれ上がるか、あるいは互いにすれ違って横ずれ断層を起こします。これは〝シアー（前断《せんだん》）のずれ〟ともいいますが、このような横ずれ断層もときとして大きな地震を起こすので、危険なタイプだと考えていいと思います。

1988年12月7日に起きたアルメニア地震も、南からのアラビアプレートが、北の大陸（ユーラシア）プレートに衝突しているところで起こった、横ずれ型の地震です。ここでは、大きな北アナトリア断層が両プレートの境界面だとされています。それゆえ、このあたりのトルコ、イラク、アルメニアなどは巨大地震が起きやすい地域なのです。

サンアンドレアス断層では、どうして大地震が繰り返し起こるのか？

以上述べた3つの断層のほかに、もう1つ別のタイプの断層があります。「トランスフォーム断層」というのですが、この断層は、従来の横ずれ断層型とはちょっと違ったずれ方をすることがわかってきました。

このトランスフォーム断層は、独特なずれ方をする傾向を持っています。海嶺を中心として、それぞれのプレートの広がる方向へ食い違ったプレートが動くのです。海嶺と海嶺との間の部分、あるいは海溝と海溝をつなぐ部分は、必ずしも見かけ上の軸のズレの方向と一致していないという点はあるのですが、基本的には横ずれ断層の仲間です。この点はわかりにくいと思われるので、横ずれ断層とトランスフォーム断層の違いを図15に示しておきました。

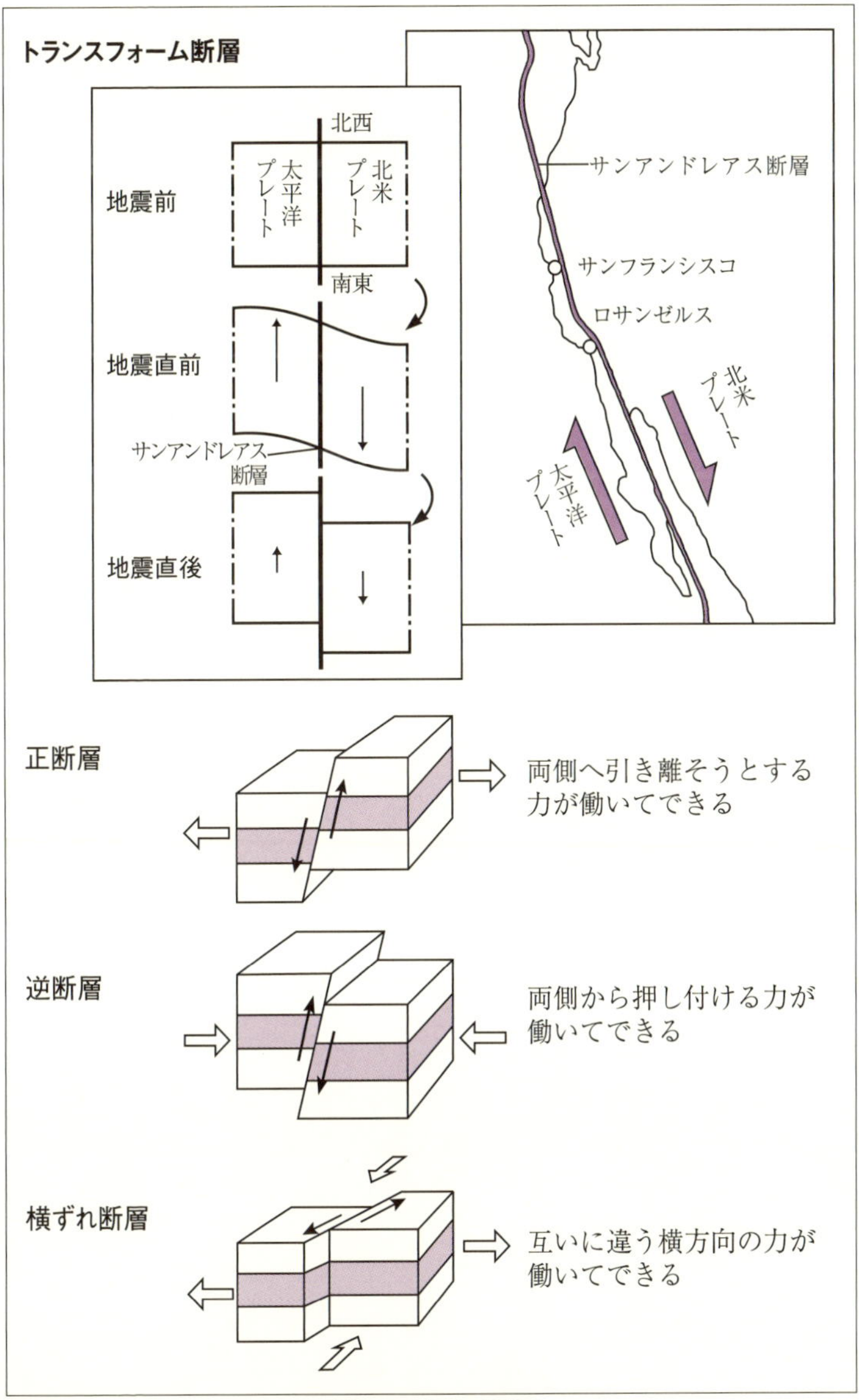

■図15　サンアンドレアス断層と断層の種類

また、トランスフォーム断層は、海嶺の軸自体のずれが少ない場合には、あまり大きな地震は起こさない（ほとんど身体に感じないような地震が多い）のですが、陸上でかなり大きなずれを持つ場合は、話が違ってきます。その最適な例が、アメリカ西海岸のカリフォルニアにあるサンアンドレアス断層でしょう。陸上を切り込んでいるような断層のあるところでは、ときとしてトランスフォーム断層で巨大地震が発生します。

サンフランシスコ市のあるアメリカ西海岸も、日本と同じように地震がとりわけ多いところです。過去160年間で、1989年10月に起こったロマ・プリータ地震を含め、5回も巨大地震に襲われています。特に著名なのは、1906年に起こったサンフランシスコ大地震で、地震の規模は最大級のM7・8、700人以上（3000人ともいわれる）の死者を出しています。

カリフォルニア半島も日本列島の太平洋岸と同じように、大まかにいえば太平洋プレート（海洋側プレート）と北米プレート（大陸側プレート）が、ちょうどカリフォルニア州付近を境に接しています。通常なら、重いほうのプレートが軽いほうのプレートの下に潜り込んでいきます。

ところが、この2つのプレートは、一方が他の下に潜り込むのではなく、互いに接しながら反対方向にずれています。そのうえ、カリフォルニア半島の付け根の部分から北西方向に向かって海洋底の拡大軸が陸上に上がっているため（図15参照）、サンフランシスコやロスアンゼルスで地震が起きるときに限って、近くの火山が大噴火するというパターンを繰り返しています。

　この2つのプレートが接しているところにあるのが、「サンアンドレアス断層」と呼ばれるものなのです。この付近では、太平洋プレートが北米プレートに対して、年に数センチメート

①／1906年サンフランシスコ大地震で発生した大火――このあと写真手前の地域も炎に包まれた。②／1989年ロマ・プリータ地震で崩壊した2階建て高速道路。③／1980年4月のセントヘレンズ火山噴火の航空写真

①

②

③

●サンアンドレアス断層に関連する噴火と地震

ルの割で北西方向に動いています。けれども、この接している断層の部分でスルスルと滑ってすれ違うのではなく、摩擦のためにエネルギーがだんだんたまっていき、100年くらいたつと数メートル分が一気に動くことになります。このとき、巨大地震が発生するのです。ロマ・プリータ地震の原因も、このサンアンドレアス断層だったのです。

1906年、サンフランシスコにM7・8の巨大地震が発生したあと、1914〜1915年にラッセンピーク火山が溶岩を流出したという例があります。その後1975年、ベーカー火山で熱活動が活発になり、1980年にセントヘレンズ火山が大爆発し、のちの1989年10月18日、サンフランシスコでM6・9のロマ・プリータ地震が発生しています。

ロマ・プリータ地震は、マンモスマウンテン山の火山活動と対応しているように見えます。このマンモスマウンテン山では、セントヘレンズ火山噴火の翌年の1981年より、群発地震が発生していました。この山はサンフランシスコのロマ・プリータ地震の震源地よりおよそ170キロメートル離れており、後述する火山噴火と地震の〝時空ダイヤグラム〟（140ページ参照）により、10年以内で地震が発生することが見て取れます。けれども、噴火と関連した1906年の地震はM7・8であり、このロマ・

プリータ地震はM6・9でした。より大きな地震が発生することは否定できないと考えていた木村名誉教授は、その後、1992年にロサンゼルス付近で発生した地震で、それが裏づけられたと確信したということです。

一方、関東大地震は相模トラフで発生したのですが、この相模トラフもトランスフォーム断層と同じような性格を持っているのではないかと、同教授は考えています。

プレート・テクトニクス理論による〝地震発生のメカニズム〟と火山噴火

第1章でもふれたように、地球の表面は数枚の大きなプレートという岩盤で覆われています。そのプレートのマントルによる動向はプレート・テクトニクス理論で解明されています。

木村名誉教授は地震発生のメカニズムに加えて、火山の噴火の仕組みもこのプレート・テクトニクス理論にもとづいて考えられるとしています。火山の噴火と地震の発生の流れを説明すると次のようになります。

陸側のプレートに火山があった場合、火口の下にはマグマがたまる場所「マグマだまり」があると考えられます。ここにマグマがたまっているとき、海洋側プレートの沈み込みによる応力（圧力）で陸側に歪みが発生するとマグマだまりを押す力が働き、上昇したマグマが火口から噴き出します。これがいわゆる噴火です（図16下）。

しかし、これで陸側プレートの歪みが解消されるわけではありません。海洋側のプレートとのストレスはさらに高まり、プレート境界の強くくっついていた面（序章で紹介したアスペリティ）の力の限界に達すると、陸側プレートの歪みが一気に解放され、もとに戻ろうとするプレートの動きが地震という形で現れます（図16上）。これで陸側プレートの歪みが解消されるので、火山活動もしばらく休止することになります。

この一連のメカニズムは海洋側のプレートに火山があるときにも当てはまります。また、火山の位置によっては地震が起こってから火山が噴火する場合もあるようです。

木村名誉教授の説く地震発生の予測方法は、この火山の噴火との関連性も最大限に生かそうというものです。プレートの歪みを観測することは現状では困難なうえ、仮に観測できたとしてもいつ解放されるかを判断することはむずかしいのです。その点、火山には大噴火に至るまでの状態が観測しやすいため、地震予測の精度を高めることができるというわけです。この噴火の段階を示した理論は、第4章で詳しく取り上げます。

地震はどうして起こるのか

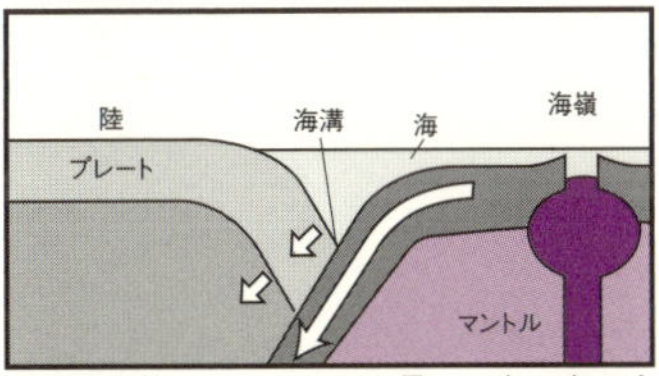

海嶺では熱いマントルが上昇し、海の水で冷え固まりプレートになる。次々に生成されて移動するプレートは陸側のプレートと衝突する。衝突したプレートの境界にストレスがかかり、歪みがたまっていく

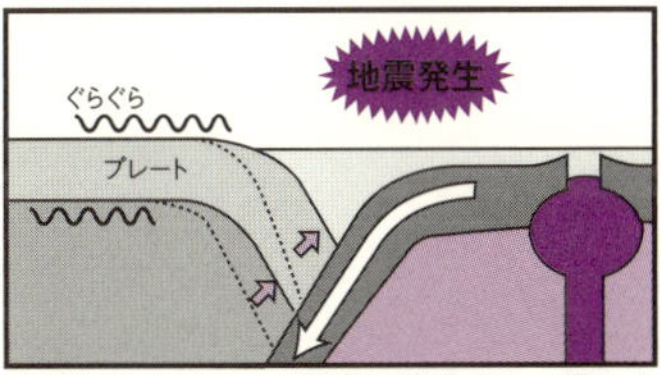

境界部分での歪みが限界に達すると、歪みを解消するためにプレート境界面が滑る。陸側のプレートがもとに戻るときの衝撃で地震が発生する

火山噴火はどう起こるのか

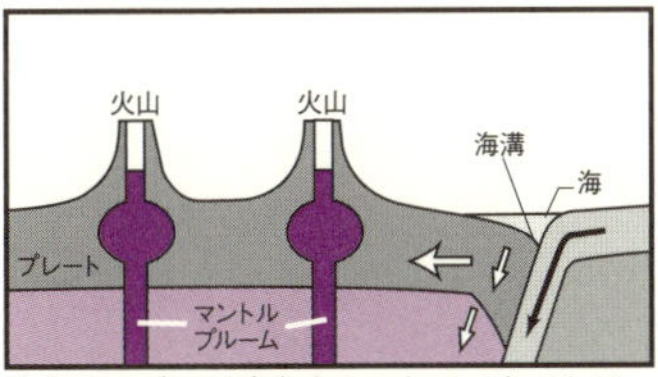

火山はマグマが噴出することでできており、火口の下にはスポイト状のマグマだまりがあるとされている。プレート移動により、マグマだまりのあるプレートに圧力がかかる

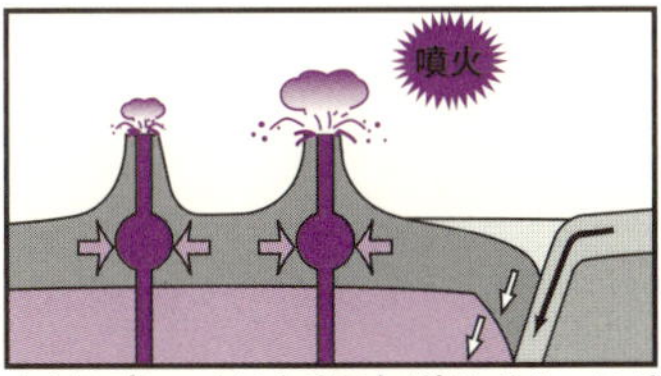

さらにプレートによる圧力が加わると、スポイト状のマグマだまりが圧縮される。これによりマグマが上昇して噴火が起こる

■図16　プレート・テクトニクス理論から地震と火山噴火を予想する

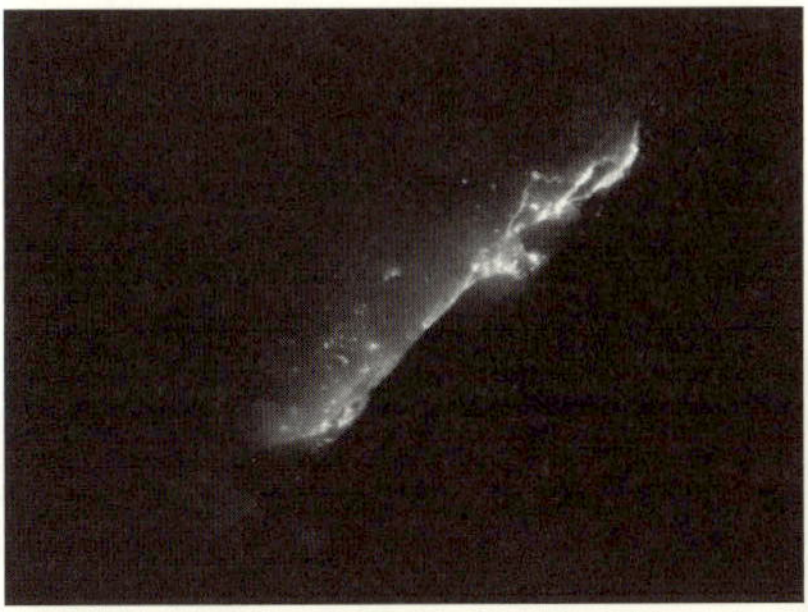

●1991年の雲仙・普賢岳の大噴火（右）、同噴火では夜空を彩るかのような火砕流も見られた（左）

ちなみに地質学者のなかで、日本で初めてプレート・テクトニクス理論を紹介したのは同教授でした（『ラ・メール（海）』誌に発表）。1960年代にアメリカでは、プレート・テクトニクス理論を知らない地震研究者はいないくらいでしたが、当時の日本では、地震学者も火山学者も、この理論の本質を理解している者は少ない状況にありました。

2-2 地震を定義する

地震の大きさと、揺れの強さは違うもの

地震波には、P波、S波、表面波という分け方と、実体波（P波とS波のこと）と表面波の2つに分ける方法があります。地球はもともと均一な岩石で構成されているわけではないので、地震動は単純な往復運動ではなく、いろいろな波形や波長の波の組み合わせとなって、3次元の複雑な揺れを示します。地震波をその性質によって大きく分ければ、次の3種類となります。また、図17を参照してください。

【①P波（Primary wave——縦波、または粗密波という）】

最初にくる波。岩石の体質変化の反発に伴って生じる縦波で、音のように振動方向と波の進行方向が一致し、その速度は岩石の硬いところでは速く、沖積層*などの軟らかいところでは遅い。平均速度は、毎秒7・5〜13・7キロメートルです。

＊沖積層
沖積世（完新世＝1万年前〜現在）に生成した地層、つまり地質学上、最新の地層である。また、最後の氷河期の最低温期（約2万年前）以後に堆積した地層をいう場合もある。現在の河川の河床や氾濫原などが堆積してできた地層であり、扇状地などと呼ばれる地形をつくる。

【②S波（Secondary wave――横波）】

2番目にくる波。岩石の変形の反発に伴って生じる横波（ねじれ波）で、光波のように振動方向と波の進行方向は直角であり、速度は平均4・4～7・2キロメートルです。

【③表面波（一般的にL波という）】

池に石を投げた場合、表面は波うっているが、深いところでは動きがないように、地球の表面近くの部分だけが運動し、内部のほうは静止しているような振動状態の波を表面波といいます。弾性表面波（Surface acoustic wave）ともいいます。

余談になりますが、③の場合、レーリー波*とラブ波*があり、波長がかなり大きいため、地球の深いところの構造を知るのに便利で、最近ではプレートの厚さを調べるときなどに使われています。

地震が起こった場合、まずP波がきて、その後からS波がくることになります。P波は地震の進行方向に進み、震源が地表に近いところだとほとんど水平に、ユラユラと振動がきます。横波は進行方向に対して横に揺れますので、浅い震源の地震だと地面が縦にガタガタと揺れます。最初にユラユラときたら（P波）、すぐさま時計を見て、

＊レーリー波
表面波の一種で、地表が上下方向に楕円を描くように震動する波。地震波（別項参照）の縦波・横波のなかで、垂直に震動する波（SV波）から成り立っている。

＊ラブ波
同じく表面波の一種。そのうち水平面で進行方向と直角な方向に振動する波で、地震波の横波のなかで水平方向に振動する波（SH波）から成り立っている。

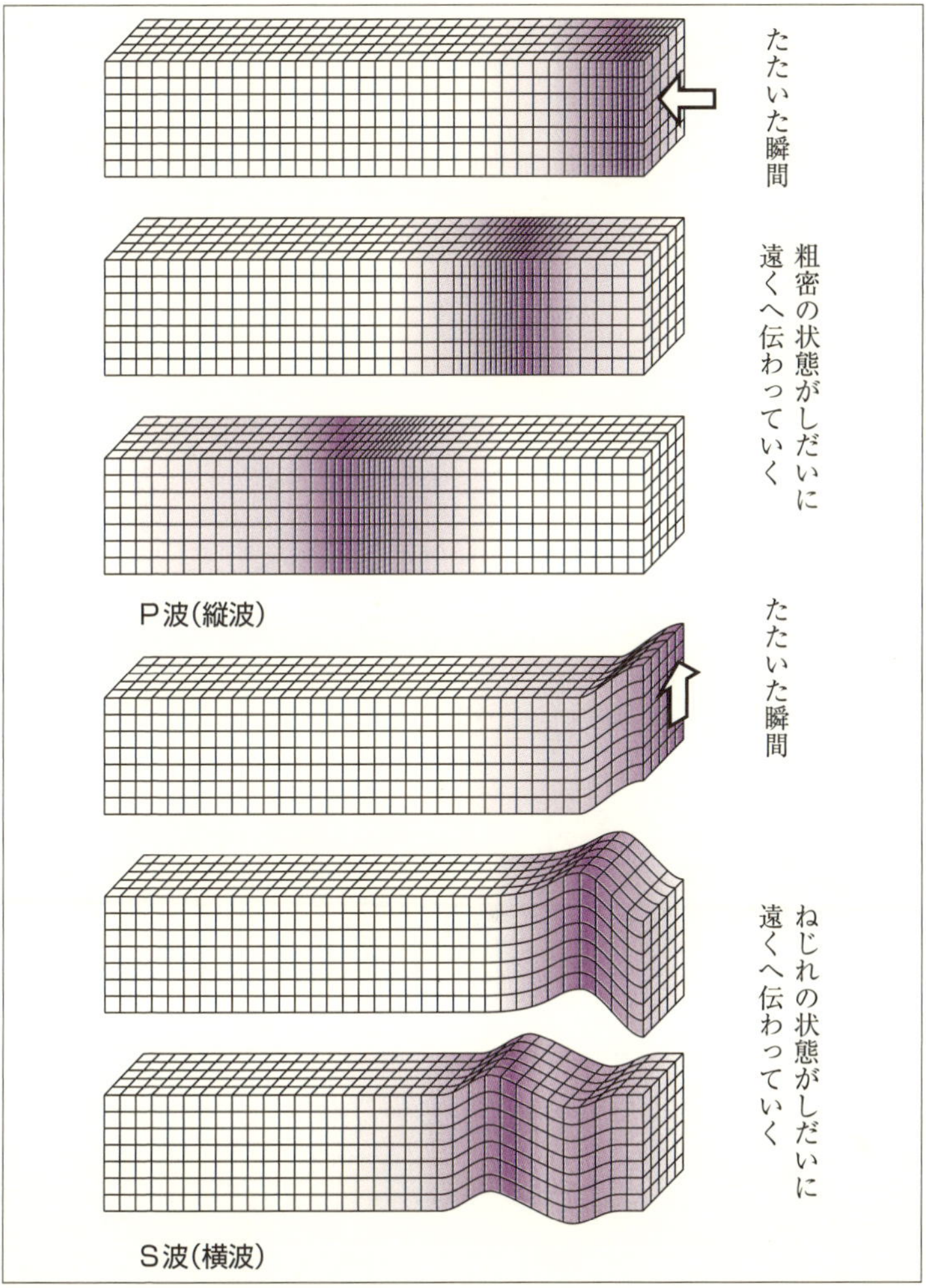
たたいた瞬間
粗密の状態がしだいに遠くへ伝わっていく
P波（縦波）
たたいた瞬間
ねじれの状態がしだいに遠くへ伝わっていく
S波（横波）

■図17　P波とS波の伝わり方

仮に5秒たってガタガタ揺れたら（S波）、到達時間の差が5秒ということになり、8を掛ければ概略40キロメートル離れたところで地震が発生したことになります。この場合の8という数字は、マントルを伝わる縦波の速さです。

私たちが地震を感じる範囲は、一般に地震のエネルギーが大きいほど広がっています。私たちが地震を感じる範囲を有感地震といい、そのいちばん外側から震央までの距離を「有感距離」といい、巨大地震のときには有感距離が１０００キロメートルにも及ぶことがあります。とりわけ日本の場合、１つの巨大地震により、国土の大部分の地域で地震が感じられることもあります。

このように震源から離れているほど、時間差（P－《マイナス》S）が大きくなります。その〝P－S時間〟は原子力発電所やコンビナート、ＪＲの列車緊急停止システムなどで活用されています。

スマトラ島沖超巨大地震の表面波は地球を8周以上も駆け巡った

２００４年12月26日午前7時58分（現地時間）に発生したスマトラ沖大地震のことは、巨大津波の映像とともに、いまだに鮮明に覚えている方も多いことでしょう。ここ数十年間では経験がなかった超巨大地震は、巨大津波を引き起こしてインド洋沿岸

●2004年スマトラ島沖地震——津波によって1階部分の家具が流れ出しているスリランカのトライトンホテル

諸国を襲い、津波に無防備な地域に22万8569人の死者・行方不明者が出ました。

この地震のマグニチュード（M）は9・1でした。過去100年では4番目に大きい地震で、地震のエネルギーは兵庫県南部地震の1400倍、関東大地震の16倍の超巨大地震（M8以上）です。この地震はプレート境界型の地震で、断層面の広さは、長さ1200キロメートル、幅100キロメートルもありました。この断層が平均で7メートルもずれ動いたのです。

実際、どれほど大きな地震だったのでしょうか。ここに、驚くべき観測記録があります。この地震で発生した地震波の一種である表面波は、なんと24時間以上にわたって、地球を8周以上も駆け巡っていました。

通常の地震でも表面波は発生し、遠くへと伝わっていきます。けれども地震の規模がかなり大きくなければ、地球を何回も回るようすを観測するのはきわめてむずかしいのです。これほど大きな地震は、高精度の観測網が整って以降、初めて起きたものだったのです。

また、地球は普段から「自由振動」と呼ばれる伸び縮みを繰り返しています。スマトラ島沖大地震の発生によって、この地球の伸び縮みは激しくなり、その状態が少なくとも2週間以上続いたこともわかっています。スマトラ島沖の地震は、文字どおり地球（地軸）をゆるがす大事件だったのです。

前述したように表面波は、通常の揺れに比べて周期の長いゆったりとした揺れで、より遠くまで伝わりやすい性質があります。スマトラ沖地震で、地球を8周以上回るところが観測されたのは、周期が250秒前後で、波長1000〜1200キロメートルほどの非常にゆったりとした表面波でした。このような表面波による揺れは、人間が感じることはありません。また、震源とちょうど反対の、地球の裏側では、震源からそれぞれの方向に向かった表面波が交差するため地震波が重なり合い、揺れが大きくなる現象が見られます。

マグニチュードと震度はまったく違うもの

地震のニュースなどでよく聞かれる「マグニチュード」や「震度」については、よく混同してしまいがちです。

まず、マグニチュードとは、地震そのものの大きさ（エネルギー）を示す尺度で、Mと表記されます。震央から100キロメートル離れたところに置いてある標準地震計が記録した最大震幅をミクロン単位で読み取り、その常用対数で表した数字を用いると定義づけられています。これは、震源から出る波（地震波）のエネルギーを示す量です。Mが0・2違うと、エネルギーが2倍になり、Mが1上がると、2倍の2倍の2倍の2倍で、地震エネルギーは約32倍大きくなります。M8なら、M7の地震32個分のエネルギーが1回で動くことになります。つまり、32倍の強さで爆発するということを意味しています。M8の地震は、M6の地震1000個分にあたります。M6クラスの地震が少々起きても、なかなかエネルギーの解放にはつながらないのです。

大地震というのはM7以上のものをいい、なかでもM7・5を超え、M8前後の地震を巨大地震、Ｍ９以上を超巨大地震として区別しています。Ｍ５からＭ７までを中地震といい、Ｍ３からＭ５までを小地震、Ｍ３からＭ１を微小地震、Ｍ１より小さいものを極微小地震といいます。ところが、中地震といっても、直下型地震の場合は安政江戸地震のように、生活圏近くの浅いところで起こって大きな被害を出すこともあります。

Ｍ７以上の地震だとかなり大きな地震で、直下型地震の場合には、Ｍ６くらいで大被害をもたらすこともあります。このＭ６という数字は、広島型原爆（20キロトン）のエネルギーとほぼ同じということになります。Ｍ８・０の地震は、広島に落とされた原爆１０００個分という途方もないすさまじいエネルギーを持っています。

有史以来で最大の巨大地震とされているのは、１９６０年5月22日、南アメリカで起きたチリ地震で、Ｍ９・５でした。これは、死者・行方不明14万人以上を出した関東大地震（Ｍ７・９）の２００倍のエネルギーを持っているということになります。しかもこの地震による津波は、太平洋を隔てて1万キロメートル以上も離れている日本に、死者・行方不明１４２人という大被害を与えました。そのため、このチリ地震津波を契機に、太平洋津波警報組織国際調整グループ（ＩＣＧ／ＩＴＳＵ）*という国際組織ができ、日本も加盟しています。

＊**太平洋津波警報組織国際調整グループ（ICG/ITSU）**
太平洋沿岸各国に甚大な津波被害をもたらした1960年のチリ地震を契機に「太平洋津波警報組織国際調整グループ」が設立され、日本、米国、チリ、ロシア、韓国など26の国・地域が加盟している。ハワイにある太平洋津波警報センターが、津波の規模や到着推定時刻などの警報を発表している。ただ、警報が運用されているのは太平洋地域だけで、残念ながらスマトラ島沖地震による津波には適用されなかった。そのため2005年から半年以内にインド洋津波警報システムの暫定的な運用が開始された。

次に、「震度」というのは、ある地点での地震の揺れぐあいを示す尺度で、地震のエネルギーとは直接の関係はありません。同じ地震でも、震源の真上では揺れは大きいが、震源から遠ざかれば遠ざかるほど揺れは小さくなります。あるいは、私たちが地震の揺れをどのくらい感じるかということだと考えても間違いではありません。地震の揺れ（震度）は、震源からの距離のほか、その土地の地盤にも大きく左右されます。日本では、気象庁が設定している震度が公式に使われています。この気象庁震度階では、震度0、1、2、3、4、5弱、5強、6弱、6強、7まで、10段階に区分されています。一

●1960年チリ（ヴァルディヴィア）地震での津波被害――左上／ハワイ島ヒロ市では木造家屋がほとんど流されて鉄筋コンクリートの建物だけが残り、パーキングメーターが折れ曲がった。右下／八幡川の津波遡上状況（宮城県庁蔵）

般に、震度6以上で被害が発生します。参考のため、気象庁の震度階を掲げておきました（表1）。

なお、震度はすべて地震計による観測結果から自動的に割り出され、テレビやラジオを通じて放送されます。震度7は、福井地震（1948年）のあとに設定されたので、阪神・淡路大震災が日本で初めての震度7となり、新潟県中越地震が2回目の震度7となりました。

このように、地震の被害について考える場合には、震度を用いたほうが都合がいいのですが、一方、地震そのものを科学的にとらえる場合には、マグニチュードを用いる必要があるのです。

ちなみに、「はじめに」で記した「ガル」も近年、地震を表す単位としてよく使われるようになりました。ガル（gal）は、もともとはCGS単位系*（固有の名称をもつ組立単位）における加速度の単位です。その名前はガリレオ・ガリレイにちなんでおり、そのため地域によっては、単位名をガリレオとしているところもあります。

1ガルは1秒（s）に1センチメートル毎秒（cm/s）の加速度の大きさと定義されていて、〝センチメートル毎秒毎秒（cm/s^2）〟と書き表すことができます。また、ガルは国際単位系（SI）に入っていませんが、日本の計量法では重力加速度および

＊単位系
単位には「基本単位」「組立単位」「補助単位」があり、これらから構成される全体を単位系という。基本的な量に対する基本単位、基本単位どうしの演算で得られる組立単位、これに付加される補助単位によっている。基本単位やその対象の量の選択、組立の仕方、補助単位の選択は任意に行うことが可能で、多数の単位系が存在する。ふつう「国際単位系」（7つの基本単位＝時間〔s〕・長さ〔m〕・質量〔kg〕・電流〔A〕・熱力学温度〔K〕・物質量〔mol〕・光度〔cd〕を組み合わせて組立単位の定義を行う）が用いられるが、ガルはCGS（cm・g・s）単位系にある。

■表1　地震の各種分類

⑴　気象庁の震度階

階級震度	説明	参考事項
無感（0）	人体に感じないで地震計に記録される程度のもの	吊り下げ物のわずかに揺れるのが目視されたり、カタカタと音が聴こえても体に揺れを感じなければ無感である。
微震（1）	静止している人や、特に地震に注意深い人だけに感じられる程度のもの	静かにしている場合に揺れをわずかに感じ、その時間も長くない。立っていては感じない場合が多い。
軽震（2）	大勢の人が感じるが、戸や障子がわずかに動くのがわかる程度のもの	吊り下げ物の動くのがわかり、立っていても揺れをわずかに感じるが、動いている場合にはほとんど感じない。眠っていて目を覚ますことがある。
弱震（3）	家屋が揺れて戸や障子がガタガタと鳴動し、電灯のような吊り下げ物は相当揺れ、器内の水面が動くのがわかる程度のもの	ちょっと驚くほどに感じ、眠っている人も目を覚ますが、戸外に飛び出すまでもないし恐怖感はない。戸外でもかなりの人が感じるが、歩行中の場合は感じない人もいる。
中震（4）	家屋の動揺が激しく、すわりの悪い花瓶などは倒れて器内の水があふれ、歩行中の人も感じ、多くの人が戸外に飛び出す程度のもの	眠っている人は飛び起き、恐怖感を覚える。電柱・立木などが揺れるのがわかる。一般家屋の瓦がずれることがあっても、まだ被害らしいものは出ない。軽いめまいを覚える。
強震（5）	壁に割れ目が入り、墓石・灯篭が倒れたり、煙突・石垣などが破損する程度のもの	立っていることはかなりむずかしい。一般家屋に軽微な被害が出始める。軟弱な地盤では割れたり崩れたりする。すわりの悪い家具は倒れる。
烈震（6）	家屋の倒壊は30％以下で、山崩れが起き、地割れが生じ、多くの人が立っていることができない程度のもの	歩行はむずかしく、這わないと動けない。
激震（7）	前記の程度以上のもの	家屋の倒壊が30％以上に及び、山崩れ、地割れ、断層などを生じる。

⑵　地震の規模による分類

名称	規模
超巨大地震	M９以上
巨大地震	M８以上
大地震	M７以上８未満
中地震	M５以上７未満
小地震	M３以上５未満
微小地震	M１以上３未満
極微小地震	M１未満

⑶　有感距離による分類

名称	最大有感距離
顕著地震	300km以上
稍顕著地震	200km以上300km未満
小区域地震	100km以上200km未満
局地震	100km未満

地震にかかわる振動加速度の計量に限定して使用が認められています。新聞などでガルが示される場合、多くは地震計の記録として出てきます。地震計は地震により発生した地震動（地面の動き＝揺れ）を計測する機器で、3成分のセンサーを備え、それらを直交する南北・東西・上下の各方向にそろえて設置することで、地面の3次元的な動きを把握するものが一般的です。

モーメントマグニチュード（Mw）は、超巨大地震用

マグニチュードには、その計算の仕方によってさまざまな種類があります。前述したような、日本で一般的なマグニチュードは「気象庁マグニチュード」と呼ばれています。気象庁マグニチュードは、周期の短い（小刻みな）揺れの大きさを計測し、そこから計算によって算出されます。

けれども規模の大きな地震に対しては、周期の長い（ゆったりとした）揺れの割合が多くなる性質を持っています。巨大地震や超巨大地震のマグニチュードを正確に求めるためには、より周期の長い揺れについても、考慮しておく必要があります。このようにして求められたマグニチュードは「モーメントマグニチュード（Mw）」と呼ばれています。スマトラ沖地震の9・1という値も、モーメントマグニチュードによる

ものです。

モーメントマグニチュードは、カリフォルニア工科大学名誉教授の金森博雄博士によって考案されたものです。

なお、津波の大きさから求められる「津波マグニチュード」*も、超巨大地震の指標として、よく用いられます。

余震は、本震の大きさに比例して確実に起きる

大地震が起きるときには、その前後に、それより小さな地震が続発することがあります。一連の地震のうち、もっとも大きい地震を「本震」、本震の前に起こる地震を「前震」、本震のあとに起こる地震を「余震」といいます。

大地震は突発的に起こることが多いのですが、なかには本震の数日前からその前ぶれとして小地震が観測されることもあります。特に前震の多かった例としては、昭和5年（1930年）11月に起きた北伊豆地震（M7・3、本震の19日前から三島で2358回の前震が観測され、そのうち有感地震が200回）が挙げられるでしょう。最近では1978年、宮城県沖地震（M7・4）の発生8分前に、前震（M5・8）が観測されています。

＊津波マグニチュード（Mt）
津波の大きさから計算したマグニチュード（Mtで表す）。低周波地震では、表面波マグニチュード・実体波マグニチュード・気象庁マグニチュードを用いると、地震の規模が実際よりも小さく評価される。そのため、1981年に津波を用いたマグニチュードMtが考案された。

$$Mt = \log H + \log \Delta + 5.8$$

ここでHは津波の高さ。Δは伝搬距離（km）で（Δ≧100km）である。

現在の地震学では、地震のタイプや地震の状況がかなりよくわかってきました。仮に「これが前震である」、つまり「このあとに本震がある」とわかれば、地震が予知できることになります。

ただ、その可能性があるのは、海溝型地震*のようなメカニズムが非常にシンプルで、しかも震源域が想定できる地震についてのみ、というように限定されているようです。そして、地震の予知対象となっている「地震の部屋」（161ページ参照）のなかでも、東海地震以外は予知の可能性はまだ低い、というのが今のところ一般的な見解です。

けれどもはっきりしているのは、余震は、本震の大きさに比例して確実に起きるということです。阪神・淡路大震災でも、余震は起きています。しかし、余震の被害が大きかったのは、新潟県中越地震のケースでした。中越地震が起きたとき、通信回線が途絶し、川口町で観測された震度7という観測データが地震直後に送信されず、対応が遅れた点が指摘されました。そして震度7の本震が起きたということが知られないまま、震度6弱クラスの余震が立て続けに起きたため、一時、非常に大きな群発地震*ではないかと考えられたいきさつがありました。中越地震はM6・8で、地震自体は特別大きなものではないのですが、あれだけの余震が続いたのは今では、中越地域の地殻構造が特殊だったためだろうと考えられています。このあたりはもともと、

＊**群発地震**
ある一定の震源域で、断続的に地震が多発する現象。おもに火山活動やプレートの移動（マグマの移動）が発生の原因となっている。長野県の松代群発地震、静岡県伊豆半島で繰り返し発生する伊豆半島東方沖群発地震などが有名。群発地震は大規模な地震の予兆現象ともなる。

＊**海溝型地震**
海嶺で生まれた海のプレートと大陸を載せた陸のプレートが衝突したとき、海のプレートが地球内部に潜り込む際に起きる地震。「プレート境界型」ともいう。世界でも最大級の地震（M8を超える巨大地震）は、この型によるものとして起きている。

●新潟県中越地震——授業が再開したもののたび重なる強い余震に机の下に潜る子供たち。犠牲者の机には花が供えられている（2004年11月8日午前11時16分ごろ）

地崩れがよく起きる〝地滑《すべ》り地帯〟で、過去に何度も地震による地崩れを繰り返しながら段々畑や棚田《たなだ》ができたところです（191ページに関連記事）。

ふつう、本震に引き続いて起こる余震は、どの地震でも本震と同じ場所ではなく、その近傍で起こります。中越地震の場合もそれは同じで、最初の本震は川口町の中心部よりやや北部寄りで起きたのですが、そのあとは南の魚沼のほうや北部の山の中へと、震度6強や震度6弱の強い余震が移動して起こりました。このため、本震では半壊状態だった建物が余震で全壊したケースも多かったのです。

あとに述べる東京湾北部地震の場合、

M7・3と想定されていますが、余震はおそらく、大きくてもM6・5〜6・8でしょう。関東大地震（M7・9）の場合、本震の約4ヵ月後、M7・3の丹沢山塊地震が起きています。

大地震の場合、ときには余震が1日数百回に達することもあり、また2〜3年と長期に続くこともあります。余震は本震よりは規模も小さいとされているのですが、

●M8クラスの大地震の場合、余震の大きさもM7クラスになることがある。
●本震で壊れかかった建物・崖などが、余震で崩壊することもある。
●本震でショックを受けたあとでもあり、心理的影響が大きい。

などの事態が予想されるため、注意しておくことが肝要です。

第3章

プレート間（海溝型）巨大地震とプレート内（内陸直下型）地震

3-1 地震の発生要因を知る

プレート間巨大地震に特徴的な「地震の発生源＝アスペリティ」

地球を覆う十数枚のプレートが接しているプレート境界といっても、そのようすはさまざまです。プレートどうしのくっつき具合（摩擦）が、プレート境界の深さや、地域ごとの特性（地質）によっても大きく異なるからです。

プレートどうしがくっつきやすいかどうかを決めている基本的な要素は、温度や圧力だと考えられています。地表より深い場所ほど、プレート境界の温度は上がります。300℃を超えるようになると境界の物質は軟らかくなり、両側がぴったりとくっつく（固着する）ことがむずかしくなります。けれども浅すぎる場所もまた、逆に温度や圧力が低すぎたりして、境界の物質がしっかりと岩石化できないため、やはり固着しにくいのです。さらに、プレート境界に水がある場合も、固着が弱まると考えられています。

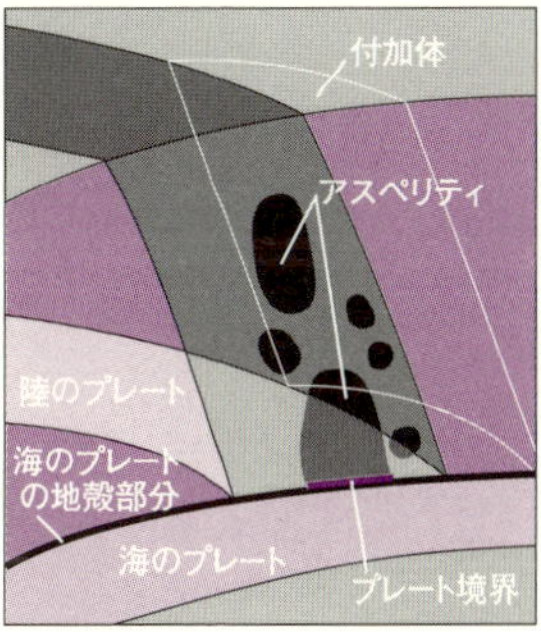

〈アスペリティ(固着域)〉
普段はぴったりと固着しており、ここが一気にずれ動くことで地震が発生する。アスペリティがある位置の深さ10〜40km程度の周辺には“常にズルズルと滑っている領域”があるが、ここでは基本的に大きな地震は発生しにくいと考えられている
また、同様に“スロースリップが起きる領域”がある。普段は陸のプレートが海のプレートといっしょに引きずり込まれているが、固着がやや弱いためにときどき、ゆっくりと滑る場所である。数日から数年という長い時間をかけて陸のプレートが動くため、私たちが揺れを感じることはない。このような現象を「スロースリップ」と呼び、近年のGPS観測によって初めて明らかになった
〈付加体〉
海のプレートの上の堆積物が、海のプレートの動きによって陸のプレートに押しつけられ、岩石化したものである
なお、左上の帯は、陸のプレートに載った山塊(陸地の部分)。これは101ページの表現と同じ

■図18　アスペリティの位置

地表からの深さがおおむね10〜40キロメートルあたりでは、プレートどうしが固着しやすい条件となっていることが比較的多いようです。プレートの境界面の中で、部分的に固着の強い場所を「固着域（アスペリティ）」と呼んでいます。このような場所では、海のプレートが陸のプレートの下への沈み込みにつられて、陸のプレートも一緒に引きずり込まれます。

アスペリティはプレートとプレートを固く結びつけているのですが、ここにかかる力はいつしかアスペリティの強度の限界を超えることがあります。そのとき、アスペリティも歯止めの力を失い、プレートの境界面は高速で滑《すべ》ります。陸の

プレートが、もとの形に戻ろうとして跳ね上がるからです。このようにして、プレート境界型の地震が発生します。現在では、アスペリティこそ、〝地震の発生源〟だと考えられています。

大規模なアスペリティができやすい、深さ10～40キロメートルの範囲を「地震発生帯」と呼ぶこともあります。けれどもこの範囲は、あくまでも目安として考えられています。たとえば、比較的規模の小さい地震や内陸直下型地震は、地震発生帯以外でも頻繁に発生しています。

アスペリティの理論は、前述したように、カリフォルニア工科大学名誉教授の金森博雄博士らによって、１９８０年代に提唱されています。地震波を解析した結果、地震の震源域には、特に強い地震波を出す領域が存在することがわかったからです。強い地震波を出した領域はそれだけ強く固着しており、より多くのエネルギーをためこんでいたと考えられているのです。

最近、アスペリティの位置を地震の発生前に推定することが可能な場合もあることがわかってきました。周期的に起こっている宮城県沖地震（第5章）などが、そのいい例でしょう。カーナビなどに使われている「全地球測位システム（ＧＰＳ）」を利用してずれを測定するのです。

陸側のプレート上の動きを観察すると、海のプレートの沈み込む方向に陸のプレートが徐々に動いている地域と、そうでない地域もあることがわかってきました。陸のプレートが海のプレートといっしょに動いている地域にはアスペリティがあり、プレートどうしが強く固着していると考えられているのです。たとえば東海地方から紀伊半島、四国地方に設置されたＧＰＳの観測データにより、駿河湾から四国沖にかけてプレート境界がぴったりと固着していることが推測されています。

プレートどうしの境界面は限界を迎えて一気にずれ動く

次に、固着域（アスペリティ）がどのようにして地震を発生させるのか、詳しく見ていきましょう。アスペリティの部分は、プレートどうしが強く固着しています。このためこの部分では、海側のプレートが沈み込むにつれて、陸側のプレートもいっしょに引きずり込まれて沈み込みます。ところが、アスペリティの周囲は固着していないためにズルズルと滑り、陸側のプレートは引きずり込まれません。

仮に、海側のプレートの沈み込む速度が年間10センチメートルの場合、陸側のプレートが引きずり込まれる速度は、アスペリティの部分ではやはり年間10センチに達します。10年では、１メートルに達します。ところが、アスペリティがない部分では、陸側プレートはほとんど引きずり込まれません。このようにして、陸側のプレートがもとに戻ろうとする力を、アスペリティの部分だけで踏みとどまらせている状況になり、年月がたつほどにこの歪《ひず》みはたまっていきます。

アスペリティがプレートどうしをつなぎとめている状況は、やがて限界を迎えることになります。このとき、アスペリティの固着は一気に解かれ、高速でずれ動きます。こうして、陸側のプレートは、もとの位置に戻ることになるのです。

先ほど挙げた例を基に考えると、アスペリティとして固着した部分の陸側プレートは10年間で合計1メートルほど引きずり込まれたあと、1回の地震で一気に1メートル戻って、固着していない周囲の部分とピタリともとの位置に収まります。つまりこれで、帳尻を合わせたともいえるのです。超巨大地震のケースでは、最大で40メートルほど滑ることもありうるのです。この場合は、この領域での滑り量は、数百年以上かけて蓄積されたものだということになります。

複数のアスペリティが連動して、超巨大地震が起きる

地震の規模は、より広い領域が一度にずれ動いたときに大きくなります。前述した固着域（アスペリティ）が大きければ大きいほど、地震の規模は大きくなります。こ

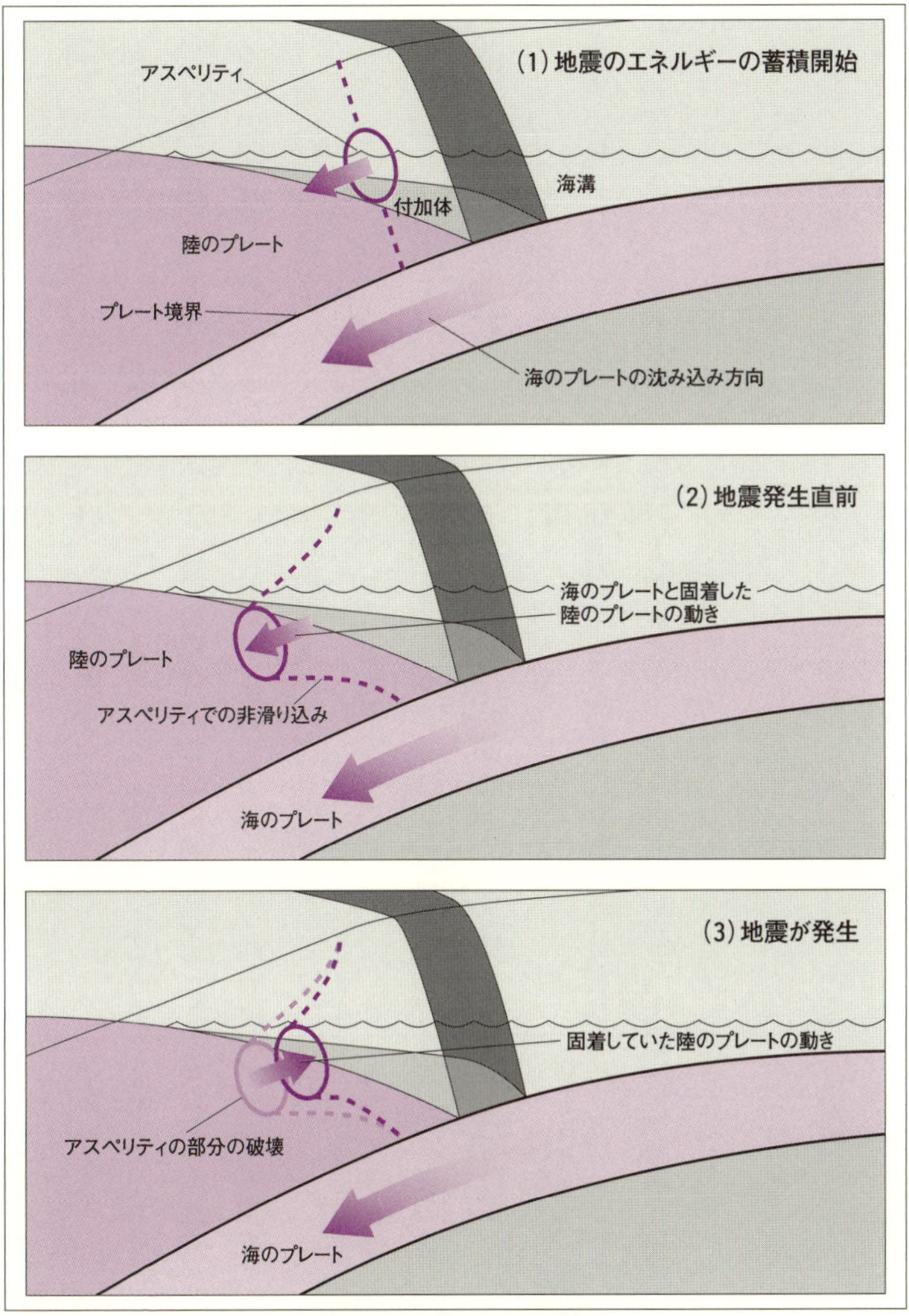

■図19　アスペリティが地震を発生させる過程
＊図の視点は正断面ではなく、斜め上から見たものとなっている

こでひとつ、疑問が生じてきます。超巨大地震の場合は、〝超巨大な1つのアスペリティ〟が破壊されて発生するのでしょうか?

超巨大地震を詳しく見てみると、そうではないことがわかってきました。2004年12月末に起きたスマトラ島沖巨大地震の場合、この地域で発生したことがある過去の地震の記録が、ある程度残っていました。それによると、今回の地震の震源域内では、過去に3ヵ所でM7・5〜7・9の地震が、別々に発生していたのです。

このことは、スマトラ沖地震の震源域全体が均一なものではないことを示しています。というよりむしろ、個別に発生することがある複数の「地震の発生源」が組み合わさったものが、今回のスマトラ沖地震の全体の震源域だったといえるのです。

有史以来の超巨大地震だといわれたチリ地震(1960年)のケースでも、似たような現象が見られます。チリ地震の震源域でも、過去には個別に地震が発生したことがわかっています。1960年の超巨大地震は、これら過去に比較的大規模な地震を発生させたアスペリティが同時にずれ動き、世界観測史上最大の地震となったようです。

こうしてみると、超巨大地震は、隣り合った複数の大きなアスペリティが連動してずれ動くことによって発生しているのです。連動しなかったり、あるいは連動しても震源域の面積が小さい場合には、超巨大地震と呼ぶような規模の大きい地震にはなら

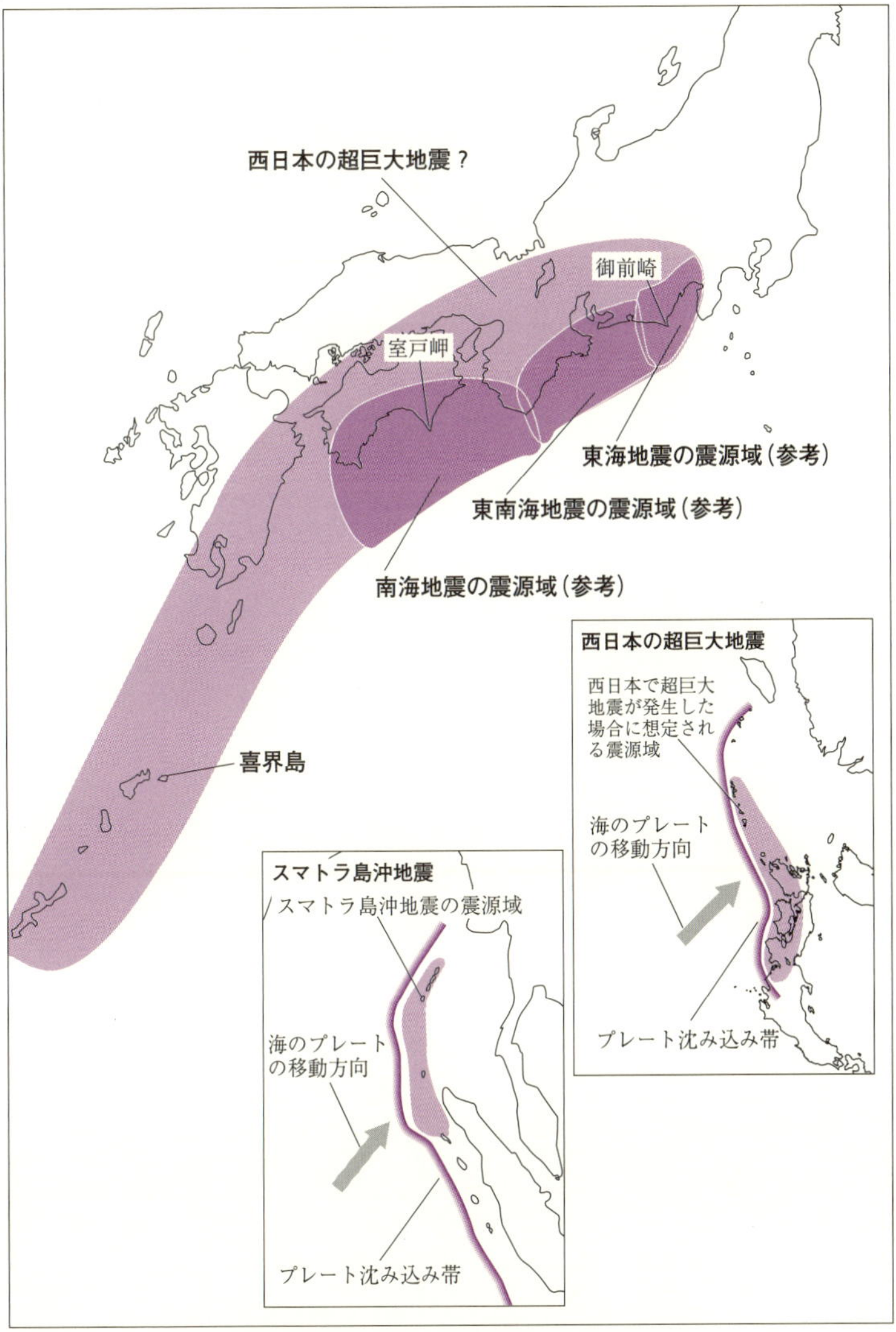

■図20　スマトラ島沖地震と西日本の超巨大地震（想定）
（S・K・シューとJ・C・シブエーらの論文より）

ないのです。

過去に比較的規模の大きなプレート間地震、特に境界型地震の発生した場所が連なっているような場所（図20）では、これらが連動して超巨大地震となる可能性があることになります。具体的に日本列島の場合は、東海・東南海・南海地震の震源域とされた地震の部屋に、南西諸島までを含めた地域が挙げられるでしょう。

プレート間（海溝型）巨大地震とプレート内（内陸直下型）地震は、ここが違う

日本列島の東北地方を例に取ると、東の太平洋側に日本海溝があります。ここでは海洋から押し寄せてくる太平洋プレートが、大陸側のプレート（大きく見た場合、北米プレート）の下に潜り込んでいます。107ページの図21は、おもにフィリピン海プレートが押し寄せてくる相模湾から関東地方を扱った図ですが、基本的に同じメカニズムを描いたものです。

海洋側のプレートが大陸（日本列島）の下に沈み込むときは、前掲の図19のように、大陸側プレートも一緒に引きずり込もうとします。プレートが沈み込む動きは年間数センチメートルとごくゆっくりなのですが、数十年、数百年沈み続けると、大陸側プ

レートに大きな歪みがたまり、あるとき、一瞬にしてもとの状態に戻ろうとします。このようなとき、海溝型地震が起こります。これは前述したように、広くは「プレート間地震」といわれているものです。その海溝付近で起こるM8クラスの巨大地震が、このタイプの地震です。なかでもいちばん最近の海溝型巨大地震は、1944年の昭和東南海地震と、1946年に起きた昭和南海地震です。1968年に死者58人を出した北海道の十勝沖地震や、1978年の宮城県沖地震なども、同じメカニズムで起こった巨大地震なのです。

一方、1923年の関東大地震や、関東大地震を発生させた同じ相模トラフの延長線上で今後起こるだろうと予想されている房総半島南方沖合いの地震の場合は、より複雑なメカニズムによる地震です。というのは、相模トラフはもともと海溝と同じような働きを示していますが、トランスフォーム的な性格を持っている可能性があるからです。もしそうであれば、関東大地震はトランスフォーム断層（70ページ参照）で発生したことになります。また、三宅島や伊豆大島・三原山などの火山噴火活動とも連動していると見られます。

図14（65ページ参照）を見ればおわかりのように、関東から東海・近畿地方にかけての太平洋側は、プレートが複雑に入り組んだ構造になっています。太平洋プレート

がフィリピン海プレートの下に沈み込み、これに押されるかたちで、フィリピン海プレートが日本列島の下に潜り込んでいます。

フィリピン海プレートが日本列島の下に潜り込んでいるところは、海溝に似た地形を形づくっていますが、日本海溝や伊豆・小笠原海溝ほどには深くないのです。この海底のへこみは「トラフ」と呼ばれています。前述したように、伊豆半島の東側に伸びているのが「相模トラフ」で、西側に伸びているのが「駿河トラフ」と、その延長線上の「南海トラフ」です。

海洋側プレートが大陸側のプレートや、ほかの海洋側プレートの下に沈み込んでいるところにできたものを「海溝」と呼びます。しかし、南海トラフなどは、はっきりとしたV字型の断面を示さないためにトラフと呼ばれているものの、実際には海溝と同じ性質があり、そこでプレートが沈み込んでいます。南海トラフは実際〝地震の巣〟といわれ、逆断層になっているので、たびたび巨大地震を引き起こしています。ちなみに、深さが7000メートル以上のものを「海溝」と呼んでいます。

1923年の関東大地震は、フィリピン海プレートが日本列島の下に沈み込むとき、相模トラフにたまった歪みが引き起こしたものとされています。また、それよりほぼ200年前に起きた元禄地震も同じタイプの地震で、M7・9〜8・2と推定され、

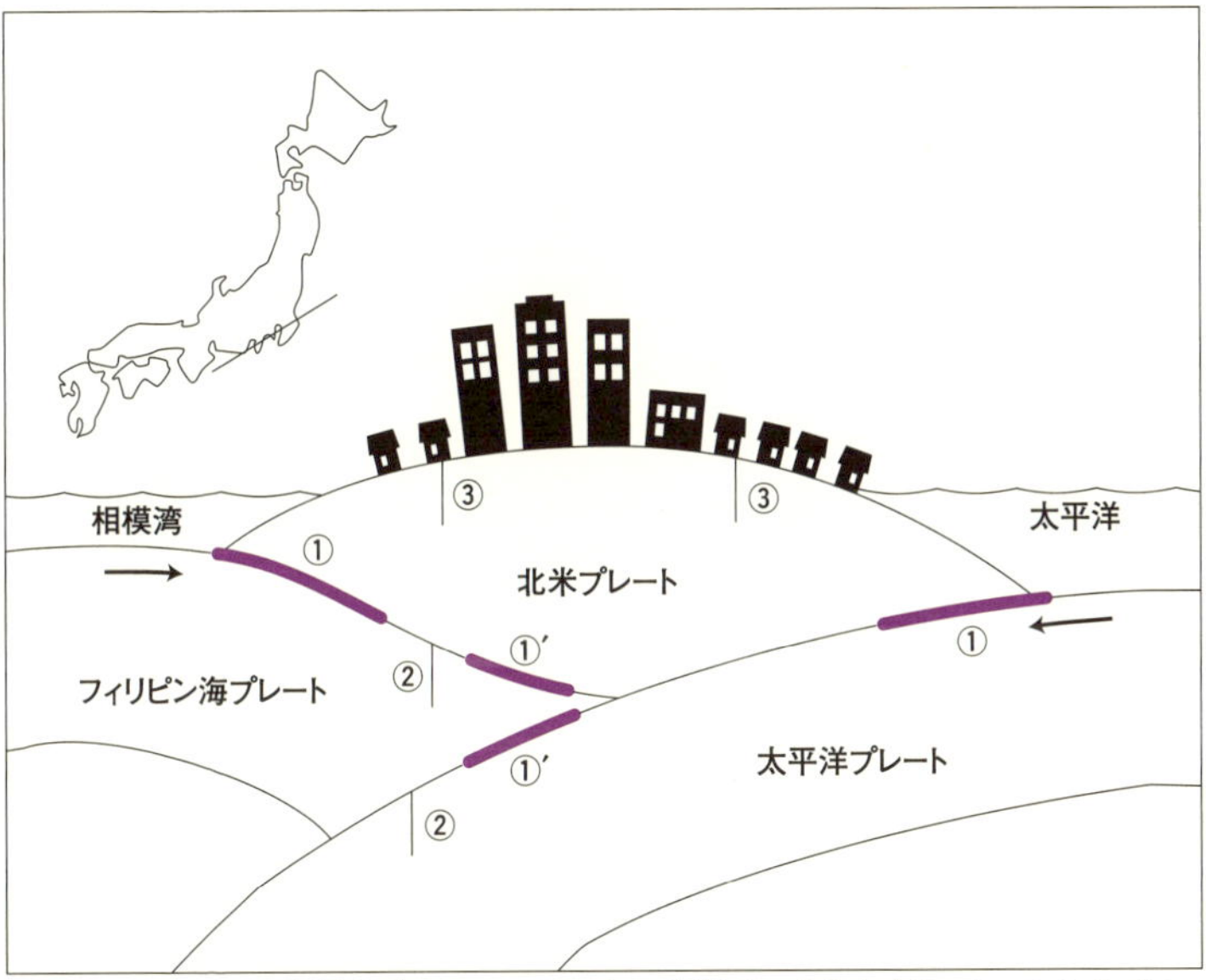

• 地震はさまざまな断層運動によって起こり、首都圏では大きく次の3つのタイプに分類される。
①＝プレート境界部の海溝で発生する巨大地震
①′＝その他プレート境界で発生する地震
②＝潜り込んでいくプレート内で発生する地震
③＝内陸部の活断層を震源とする地震

太平洋側でプレート（太平洋およびフィリピンプレート）が陸のプレート（北米およびユーラシアプレート）の下に沈み込んでいるため、日本列島には東—西方向ないし南東—北西方向に強い圧縮の力がかかっている。この海洋プレートの沈み込みとそれに伴う陸地の圧縮により、日本各地でさまざまな内陸型地震が発生する。

■図21　首都圏直下のプレート構造と発生する地震のタイプ
（中央防災会議——首都直下型地震対策専門調査会資料より〔一部加筆〕）

●関東大地震——瓦礫の街と化した銀座4丁目付近の震災直後の風景（東京都立中央図書館蔵）

死者7000人とも1万人以上ともいわれ、そのとき房総半島は6メートルも隆起し、江戸の下町で被害が大きかったということです。

甚大な被害が予想されている東海大地震も、駿河トラフにすでにたまったとされる歪みを解放するために起こるとされています。

けれども、日本列島で大きな被害を出す地震は、海溝型の巨大地震だけではありません。「内陸型地震」ともいうべき地震があります。「直下型地震」と呼ばれている地震で、これも前述したように広くは「プレート内地震」といわれ、海溝型の巨大地震以外に、内陸部で起こる地震のすべてを指しています（図21の①や②や③）。

これにはプレート内で発生する活断層地震と、内陸部のプレート境界で発生する地震があります。地震のエネルギーはだいたいM7前後でしょう。1995年に起きた兵庫県南部地震も内陸型地震とされ、M7・3の活断層地震で被害が大きかったため、阪神・淡路大震災と呼んでいます。新潟県中越地震も、内陸型地震です。

こうしたM7クラスの内陸型地震は、過去に何度も起きています。ふつう、直下型地震は、海溝型地震のように大きなエネルギーはないのですが、都市近郊で起こった場合、震源が地表に近ければ、非常に大きな被害をもたらします。現在、もっとも心配されているのは、関東付近のプレート間地震——境界型の大地震に伴って起こるかもしれない、東京湾近辺の直下型地震（東京湾北部地震）です。

なお、直下型地震という言葉は地震学の学術用語にはありません。これはマスコミで使われるようになってから、一般に広まったものです。このため、地震学において直下型地震の明確な定義はなく、内陸で発生する浅い地震で被害をもたらすものについて呼称されることが多いようです。いわば、地震の発生メカニズムではなく、地震の被害（震災）に重点を置いた言葉といえましょう。しかし最近では、とくに防災上の観点からこの言葉をあえて使う専門家も増えてきており、本書でも〝首都圏直下型地震〟等々同じ見地からこの言葉を用いています。また、同様に〝内陸直下型地震〟とした場合もあります。

さらに、これら2つの地震のほかに、地表から約100～700キロメートルと深いところで起きる「深発地震」もあります。これは、大陸側プレート（日本列島ではユーラシアプレートなど）の下に沈み込んだ海洋側プレート（フィリピン海プレートなど）がアセノスフェアの中に入り込み、自分自身の重さでたわむときに起きます。そのほか、火山活動と密接に関連した「火山性地震」といわれるものもあります。火山体周辺で起こるという意味での火山性地震の場合、よく群発地震として発生するという特徴があります。

3-2

巨大地震の本質を探る

日本近辺では2種類あったトラフ

地球物理学をもとにした多くの研究により、海嶺はプレートの湧き出し口であり、海溝はプレートの沈み込むところ（プレート境界）であることが明らかになってきました。このプレートの沈み込むところで、7000メートル以上の深さで2つのプレートが潜り込んで「V字谷」になっているところを「海溝」といい、比較的浅く、舟底上の幾分平べったいへこみになっているところを「トラフ」と呼んでいます。

トラフは、日本近辺では2種類の代表的なものが存在します。1つは相模トラフや南海トラフのようなプレート境界に存在するものです。南海トラフは海溝と同じ性質を持っており、プレートがそこに沈み込んでいきます。また、典型的な逆断層（「スラスト」ともいう）になっています。ところが、相模トラフの場合は海溝には違いないのですが、横にずれていく成分を持っています。木村名誉教授によれば、相模トラフは、日本海溝と南海トラフをつなぐ、一種のトランスフォーム的な性質を持っているということです。この両者では、巨大地震の発生が十分考えられるというのです。

もう1つは、南西諸島でいえば、押し縮められる海溝側（琉球海溝）とは南西諸島を挟んで反対の東シナ海側に、海嶺と同じく海洋底（地溝）が開く（広がっていく）性質をもつ沖縄トラフのようなタイプの海底のへこみがあります。比較的浅いところにできた、このような舟状の平べったいへこみのことも、「トラフ」と呼んでいます。とりわけ沖縄トラフやマリアナトラフは、弧状列島（南西諸島、マリアナトラフの場合は海底火山）を挟んで、島々の後ろに開いている舟状のへこみなので、「背弧海盆」と呼んでいます。

ふつう、この背弧海盆と琉球海溝のちょうど真ん中あたりに島弧列島（日本列島も同じ）ができていくのですが、沖縄トラフの場合は、この背弧海盆がいきなり発達し、島弧（南西諸島）の軸よりの東シナ海側の海底で海底火山が多くできています。地殻のひび割れたところをマグマが上がってくるために海底火山ができるからです。マリアナ海溝にも同じ傾向が見られ、背弧海盆にも海底火山が多数できています。

プレートが潜り込む、100キロメートル未満のところを「サブダクション帯」といっています。一般的にはトラフから噴き出すプレートがサブダクション帯で潜り込んでいるプレートの上に乗り上げ、その縁が弧状列島になるのですが（59ページ掲載の図11参照）、ただ沖縄トラフは、いわばまだ〝発展途上〟の背弧海盆で、間欠的にマグマを吹き上げているようです。

雲仙・普賢岳のあたり一帯は、従来、沖縄トラフの影響で地溝が拡大していく方向に引っ張る力が働く——といった性質のため、正断層型や横ずれ断層型の地震が多く、引っ張られたところからはマグマが噴き出し、火山活動が活発になります。

相模トラフに押されて、関東大地震が起きた

相模湾の海底地質図を見ると、相模湾の中央部から東と西で地質は大きく違っています。東側は三浦半島や房総半島を含んだ地域で、褶曲《しゅうきょく》*や断層が発達しています。東側と比較して、西側は断層も比較的少なく、なだらかで静かに見える地域です。この相模湾から日本海溝に達する細長い凹型の地形が、相模トラフです。琉球大学の木村名誉教授らが海底地質の調査により発見した「相模構造線」は、その相模トラフをつくっている大きな断層のことです。1912年に伊豆大島・三原山が大噴火し、その11年後、1923年に起きた関東大震災は、実はこの相模構造線に生じたずれ（断層）によって引き起こされたのだというのです。

＊褶曲
地層の側方から大きな力がかかった際に、地層や板状の岩体が曲がりくねって波を打つように変形する現象のこと。そのような構造を形成させる変形作用を「褶曲作用」または「褶曲運動」という。褶曲の波の山にあたる部分を「背斜」、谷にあたる部分を「向斜」、斜面にあたる部分を「脚」または「翼」という。

ここで、相模構造線について少しふれておきましょう。1961〜1962年、カルフォルニア大学スクリップス海洋研究所の調査船・ベアード号が、海底地質調査を行いました。このとき若き木村名誉教授は、底質のサンプルの分析を手伝っています。この分析が、同教授が相模湾を研究の対象にしたきっかけとなりました。その後大学院に進んだ同教授は、東京大学海洋研究所の奈須紀幸教授の指導のもと、本格的調査を始めています。そして調査の結果、相模湾の真ん中を北西—南東方向に走る大きな断層を見つけました。

そこで、これまで関東付近で起こった大地震の震源を地図上にプロットし

●関東大地震での湘南の被害より——上／土砂崩れが起こった鎌倉・七里ヶ浜（当時の絵葉書より）、下／道路の石垣の崩壊したさま（同）

ていきました。すると、この相模トラフに沿って震央が並ぶことに気がつきます。1923年（大正12年）の関東大地震は、それまでどうして起こったのかよくわかっていませんでした。木村名誉教授は、この相模トラフが動いて関東大地震が発生した可能性があることに、思い当たりました。そして当時、東京大学地震研究所の大学院生だった安藤雅孝氏の手によって、相模トラフの断層の位置をもとにして、コンピュータによるシミュレーションが行われた結果、まさしく相模トラフが動いたことによって関東大地震が発生したことがわかったのです。

相模トラフはもともと海溝と同じ性質であると考えられていましたが、現在では〝横ずれ断層的な性質〟を持っていると考えられています。前述したように、相模トラフも同じ巨大なトランスフォーム断層である以上、これからも巨大地震の発生は避けられないでしょう。

内陸直下型地震――活断層と地震断層はどう違うのか

日本列島には地殻に働くさまざまな力があるため、全国至るところに断層があり、入り組んだ複雑な地形がつくられています。なかでも、中部地方の糸魚《いとい》川と富士川をほぼ南北に結んだ「糸魚川―静岡構造線」と、中部地方から紀伊半島・中国・四国・

九州をほぼ東西に貫く「中央構造線」の2つはよく知られています。

断層というのは、岩盤や地層がずれた痕跡のことを指しています。地震は、この断層がずれ動くことで起こります。けれども古い断層のなかには、動く可能性が低くなって〝死んだ〟断層もあります。そのような断層のうちで、過去数十万年くらいの間に繰り返し動き、今後も地震を起こすおそれがあるものを、特に活断層、つまり〝生きている断層〟といっているのです。

活断層は、一般的に〝最近の地質時代〟に繰り返し活動し、将来も活動することが推定されています。最近の地質時代といっても、ここでは第4紀*のことを指し、今から200万～100万年前、そして現在までに動いたと見なされる断層を、活断層として扱っています。ただし、50万～100万年前に動いたものを活断層という人もあり、グループによっては多少、取り扱う年代が違ってきます。

活断層で再活動するものは、必ずしも多くありません。なかには、1万年前から活動を停止しているものもあります。琉球列島を例に挙げると、(地質学的にいう)最近、かなり大幅に陥没を開始したのは、今から2万年前後ぐらいから1万年前にかけてのことですが、その後、現在に至るまでの1万年の間はピタッと活動が止まっています。ただし、第4紀に入ってからできた活断層は、また再活動する可能性があるので、公

＊第4紀
新生代最後の地質時代の名前。164万年前から現在までをいう。ただ、始まりの時期については、まだ完全に確定したわけではない。ちょうど人類の発展した時代にあたり、「人類紀」ともいう。

●濃尾地震——震災直後の岐阜市・伊奈波神社から西を望んだ風景（岐阜市歴史博物館蔵）

共的な建築物を建てるときには、いちおう注意しなければならないでしょう。

　地震断層というのは、断層のなかでも大地震に伴って地表に断層が現れたことが、史料や史実上で記録されているものをいいます。

　地震断層の具体的なものを挙げてみましょう。1891年10月28日、愛知県から岐阜県にかけての地域を襲ったM8・0の大地震は、日本の内陸部で起きた地震としては最大級のもので、7273人の死者を出しています。この大地震は「濃尾《のうび》地震」と呼ばれていますが、このときできた根尾谷《ねおだに》断層を、地震の直後に撮影した写真が残っています。当時の写真では、向こう側から

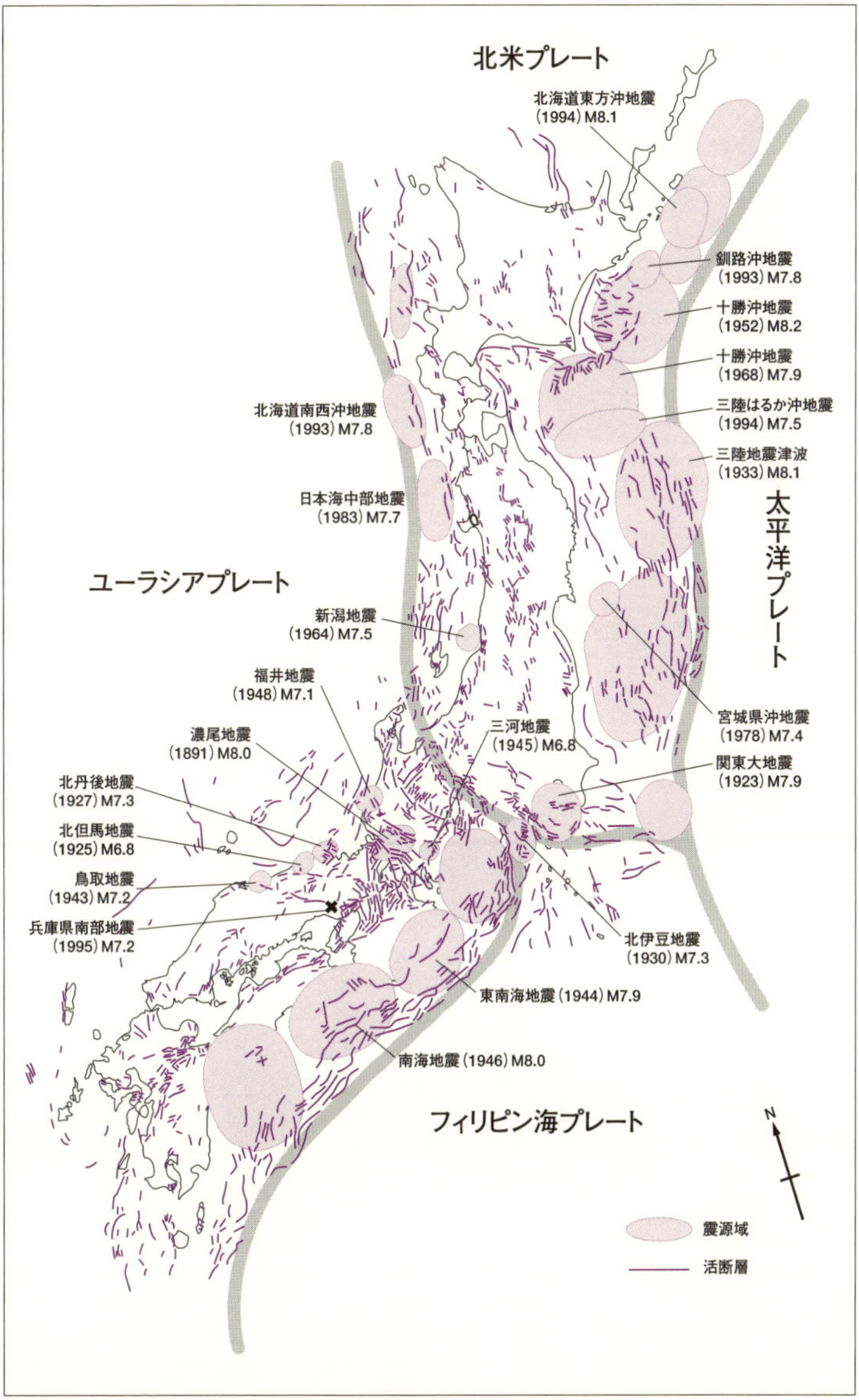

■図22　日本の活断層とおもな地震

こちら側にかけて、田んぼの中を1本の線が走っていますが、途中で地震による段差ができたため、崖のようになって切れています。

この断層は、M8・0という内陸部最大級の地震のため、地層が食い違ってできたものです。この食い違いは、岐阜県水鳥付近で、水平方向で2・5メートルもの大きなものでした。濃尾地震のような大地震では、地面の深いところで起こった岩盤の割れが、地中で止まることなく地表に現れてしまったのです。

ここで注意していただきたいのは、東海、東南海、南海地震のような巨大地震の原因となるのも、プレート境界にある巨大な断層なのですが、活断層とは呼んでいません。地震が起きた仕組みを説明する際にも、単に「断層」と呼ぶことが多いようです。

結論的にいえば、活断層といっても必要以上に怖がることはないのですが、地震断層はここ1000年間は顕著な活動のあったところなので、常にチェックが必要です。

なお、関東周辺の活断層については、中央防災会議*は5つの地点に絞って、被害想定を行っています。

活断層は、どうやって探せばいいのか？

活断層は、どうすれば見つけることが可能なのでしょうか。

＊中央防災会議
内閣総理大臣を会長とし、防災担当大臣をはじめとする全閣僚、指定公共機関の長、学識経験者からなり、次の役割を持つ。①防災基本計画の作成及びその実施の推進。②非常災害の際の緊急措置に関する計画の作成及びその実施の推進。③内閣総理大臣、防災担当大臣の諮問に応じての防災に関する重要事項の審議（防災の基本方針、防災に関する施策の総合調整、災害緊急事態の布告等）等。④防災に関する重要事項に関し、内閣総理大臣及び防災担当大臣への意見具申。同会議下に各種専門調査会などが所属しており、審議過程はホームページで公開している。

●新潟県中越沖地震――線路が途絶したJR信越線・青海川（おおみがわ）駅付近

過去、被害をもたらした地震を起こすような活断層は、地面や海底に痕跡を残していることが多いのです。地上では、航空写真によって段差や谷のずれなど特徴的な地形を見つけることができます。さらに断層のある土地に行って、いつの地層がずれているのかを調べると、動いた時期や活動間隔が分かります。原子力発電所を建設する場合には、12万〜13万年前以降に活動したものを想定しています。けれども、今回の新潟県中越沖地震では、柏崎刈羽原子力発電所を建設する際、活断層を見逃していたのではないか、ということが問題になっています。

また断層によっては、地表に痕跡が出なかったり、地面が削られてずれが消えていたりする場合もあるようです。そこで、人工地震を起こして、その地震波で地下の断層の有無を判定する方法もあるのですが、それだけで断層が生きているか死んでいるのかという判定はむずかしいのです。また、海では、直接観察するわけにはいきません。音波探査によって地層のずれを探す作業が続けられているのですが、いまだ十分に調べられていないのが現状です。

けれども地震が起きた場合、まず、周囲で観測された本震の地震波から、震源を突き止めることができます。また本震で、断層のあちこちに小さな歪みができます。たまった力で、断層の一部分がずれて、余震も起きます。こうして観測した余震の分布から、断層の形や向きがわかってきます。

では、柏崎刈羽原子力発電所の敷地直下に断層が延びていることを、なぜ確かめられなかったのでしょうか。新潟県中越沖地震の余震分布をみると、柏崎刈羽原子力発電所の直下にある断層は、20キロメートル以上の深さにあります。仮にボーリングするとしても、これは世界記録級の深さですから、なかなか困難な作業になるでしょう。けれども、周囲の浅い場所にある断層なら見つけられたかもしれません。

プレート間巨大地震は、連鎖して起こるもの？

幕末から明治へかけて激変相次ぐなか、1854年、安政東海地震と安政南海地震が32時間前後で連続しておき、それから1年たった1855年、安政江戸地震が起きています。けれども、東海地震と東南海・南海地震は、過去の例を見ると、必ずしも連動して起きているわけではありません。

では、今なぜ、東海地震が起こると強調されているのでしょうか。安政や宝永の大地震のときには、東海地震を起こす駿河湾のトラフも動いているのですが、昭和19年（1944年）の昭和東南海地震、昭和21年の昭和南海地震では、東南海・南海トラフが動いて2つの地震を起こしたのですが、東海の駿河トラフは動いていません。そのため、東海地震の切迫性が高く、明日にも起きるかもしれないといわれ出したのです。

ここで、中央防災会議が平成13年6月28日に発表した、東海・東南海・南海地域に発生する地震についての公式的な見解（同会議第2回資料）をまとめておきました。

①歴史地震の調査結果によれば、東海から南海地域にかけては、これまで100

～150年程度の間隔でM8クラスの地震が発生しており、今世紀前半にも発生が懸念されているため、今のうちから事前の対策を進める必要がある。

②1707年の宝永地震では、駿河湾から四国西縁にかけての全域（東海～東南海～南海）が、同時に破壊された。

③1854年の2つの地震、安政東海地震と安政南海地震では、駿河湾～和歌山県潮岬にかけての領域と、潮岬から四国西縁にかけての領域が、32時間の間隔で連続して破壊された。これら2つの震源域を合わせたものは、1707年の宝永地震の震源域と同程度とされる。

④1944年に起こった昭和東南海地震と、1946年に起こった昭和南海地震では、静岡県・浜名湖から潮岬にかけての領域が、2年の間隔をおいて破壊された。1944年・昭和東南海地震の震源域は、1854年・安政東海地震の震源域よりやや小さく、1946年・昭和南海地震の震源域は、1854年の安政南海地震の震源域よりやや小さいとされている。

⑤以上のように、東海～南海地域に、過去に発生した地震の震源域と、発生パターンは、同じではない。とりわけ、1707年の宝永地震のような、関東地方南部～九州地方東部までの500キロメートルにも及ぶ巨大地震による広範な領

域にわたる被害の広がりと、1854年の安政東海地震と安政南海地震の例のように、隣接地域で短時間のうちに連続して発生する地震による被害の連続化など、被害の特徴をよくつかんでおく必要がある。また、これらの海溝型地震では、津波の発生は避けられない。津波は、発生すると何度も繰り返して来襲するため、十分に注意した行動が必要である。

東海地震についての震度予測に関しては、2001年11月、内閣府中央防災会議により、東海地震（M8・0）の震度予測の見直しの結果が発表されています。予想震源域を22年ぶりに見直した結果、震度6弱以上のエリアが西に広がり、名古屋市や愛知県東部が新たに加わっています。

これによると、震度6弱以上の地域は、神奈川県西部、静岡県のほぼ全域、山梨県南部、愛知県東部が含まれています。震度6強、もしくは震度7の地域は、沿岸部に近い三島、富士、静岡、浜松などの都市になります。

けれども、中央防災会議の見解はいわゆる「地震周期説」が根拠となっており、実際に起こるかどうかを、いわば確率論で論じようというものです。

南海トラフの境界線は、九州南方沖から四国の南方、和歌山県の南方へと東上し、さらに北東に向かって駿河湾に入っています。この南海トラフでは確かに、プレート境界型の巨大地震が１００〜２００年の間隔で周期的に発生しています。過去の巨大地震は、東海・東南海・南海地震が〝だんご三兄弟〟のように地震を起こすとされています。

しかし、木村教授によれば現在のところ、東海地方には目立った〝サイスミック・アイ（地震の目）〟ができていません。昭和東南海地震（１９４４年）や昭和南海地震（１９４６年）から、ともに今、60年以上の時間が経過しています。データで調べた東南海沖の予想震源域とその西側にある南海沖の予想震源域は、いずれの予想震源域のなかにも、〝サイスミック・アイ〟に特徴的だとされる顕著な地震活動は見られませんでした。

30年という期間は、〝サイスミック・アイ〟が発生してから本震に至る期間ですから、明日にも起こるという状態であればその兆候が現れているはずです。少なくとも今後30年の間、東南海、南海で地震が発生することはないと考えられます。

第4章 地震と噴火の規則性からわかること

4-1

地震予知への新メソッド

歴史上の空白域を示す「第1種空白域」

地震を予知するには、〝空白域〟をどう読み解くかということがとても重要になってきます。

空白域とは、ある地域に着目したときに、しばらく通常の地震活動が起こっていない地域のことを指します。東海・東南海・南海地震のような海溝型地震については、163ページの図33にあるようなブロックに分けた〝地震の部屋〟を単位として考え、一定の期間、通常の地震の発生が極端に減っているようなエリアのことを指します。もし仮に地震の発生回数が減っている場合には、その地域には地殻の歪みが蓄積されている可能性が高いのです。

これは、地震予知について欠かせない考え方だとして、茂木清夫氏らによって確立された〝地震空白域〟というアイディアを拡張していったものです。

空白域には「第1種空白域」と「第2種空白域」の2つがあります。このうち第1種空白域とは、過去、大地震が起こったところで、そこだけがいまだに地震を起こさずに沈黙している地域のことです。

かつて大地震を起こしている地域で、しばらく大地震が発生しておらず、平穏な状態を保っている場合には、実はストレス（押し寄せてくるプレートの応力による〝歪み〟）をため込んでいる最中だと判断できます。ということは、近い将来、大地震を起こす可能性が高いと考えられるのです。このようなエリアを「第1種空白域」といいます。エリアごとに過去に発生した大地震を調べていけば、第1種空白域のおおその見当はつきます。この第1種空白域については、フェドトフや茂木清夫氏など、いろいろな定義の仕方がありますが、詳細は省くとして、おおよそこのような考え方を踏まえて、地震の発生しそうなエリアを絞っていこうとする手法です。

1990年ごろ、「そろそろ関東で大地震が発生する可能性がある」とする「南関東大地震69年周期説」を聞いたことがある人もいるでしょう。そうした考え方のもとになっているのが、実はこの第1種空白域という考え方なのです。69年周期説がはずれたように、周期説という考え方は絶対的なものではありません。しかし、その地域のある程度の周期的な規則を類推し、第1種空白域をあぶり出すことは、次の大地震

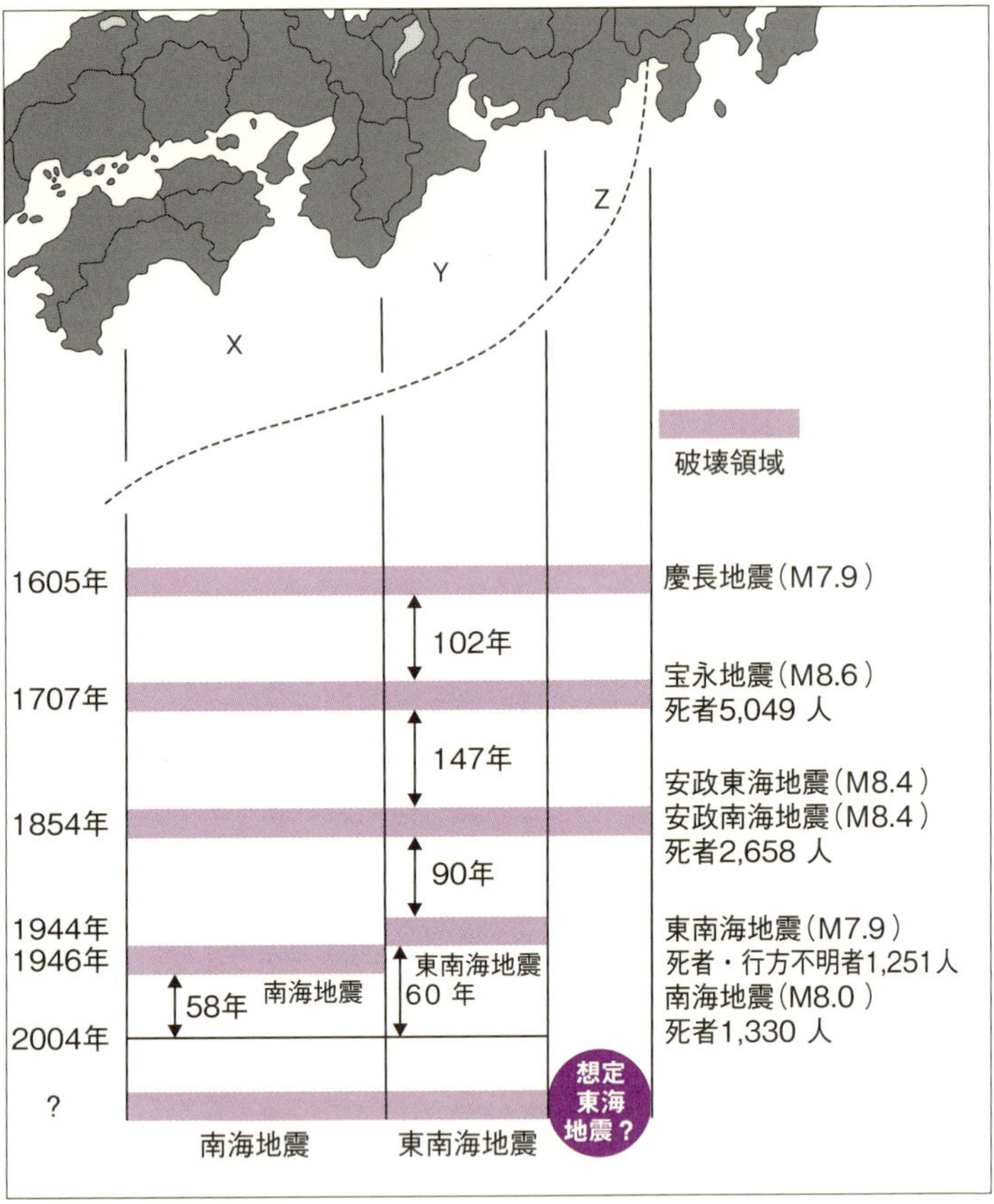

• 東南海・南海地震とは
　＊歴史的に100〜150年間隔で繰り返し発生
　＊次は今世紀前半にも発生
　＊東海から九州にかけて広範囲に地震の揺れや津波による甚大な被害

■図23　プレート境界付近の大地震の規則性

（出典：防災システム研究所〔一部加筆〕）

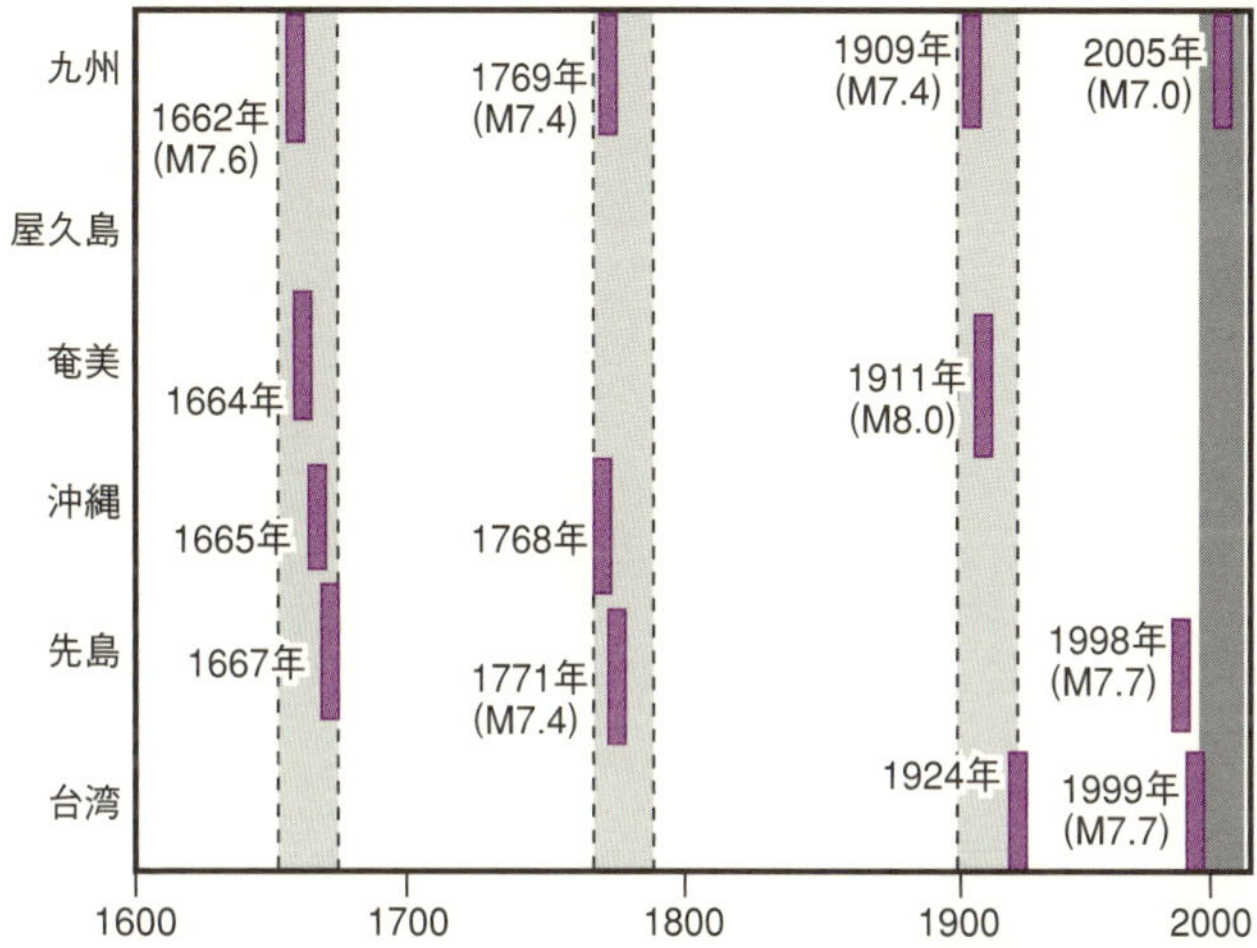

先島、沖縄、奄美、屋久島、九州という5つの「地震の部屋」(必ずしも空白域とは違う)があるが、その複数の部屋でほぼ同時におよそ100年おきに地震が発生していることがわかっている

■図24　琉球列島の地震の規則性（監修者作成）

●福岡県西方沖地震——緊急停止した列車から降りて線路を歩き始める乗客たち

を予測するのに大いに役立ちます。

たとえば、南海トラフで起きる海溝型地震を見てみましょう。128ページの図23に掲げたように、ここに挙げてある東海、東南海、南海地震の3つの地震の部屋が、それぞれ100年〜150年の周期で足並みをそろえて（連動して）大地震を起こしていて、ゾーン全体では100年おきに地震を起こしていることがわかります。

次に、琉球列島の場合を見てみましょう。129ページの図24に見るように、100年に一度の間隔で各地域で大地震が発生しています。

たしかに、海溝型巨大地震の場合、第1種空白域が、将来の地震の候補地としてあげることができます。ところが直下型地震の場合は、このような考え方に立てば、空白域が多いため、そこやここにあるなど、空白域候補の場所がたくさん出てきます。そこで、第2種空白域を考えていくことで、直下型地震の場合には、早期の前兆さえつかめば、不可能ではないケースが出てきました。

「第2種空白域」には、地震の異常活動域＝サイスミック・アイがあった

第2章でふれたような、ほとんど人体に感じない程度の極微小地震（M1未満）や微小地震（M1〜3）は、日常的に起こっているのですが、これらの微小地震を最近

の地震観測データを解析することにより地図上にプロットすることができます。ところが、そのように続いて起きていた微小地震が、ある一定の地域でピタッと止まって静かになることがあります。

しかしよく見ると、そのエリアを取り囲むようにできた〝輪〟の外側では、活発に地震が続いて起こっています。この状態を、「第2種空白域」と呼んでいます。地図を見ると、空白になった楕円状の周囲に、地震が起きているのがわかります。

ところが、これまではピタリと静かになるとされてきたドーナツの輪（サイスミック・リング）内の空白域に、地震活動の活発な地域が出てくる箇所があることがわかってきました。2007年新潟県中越沖地震でも、そのような例が出てきました。M2以上の地震をプロットした図25の(4)を見ると、異常に活発になったように見えます。このような事例はこれまで、あまり注目されてはいなかったことです。なぜなら従来は、リングのなかの地震活動がなくなった「真の空白域」で大地震が発生するということで注目されていたからです。

けれども琉球大学の木村名誉教授は、この現象が次に発生する大地震の〝芽生え〟ではないかと判断しました。

そこで、単純なドーナツパターンからなる第2種空白域を「第2種A型空白域」と

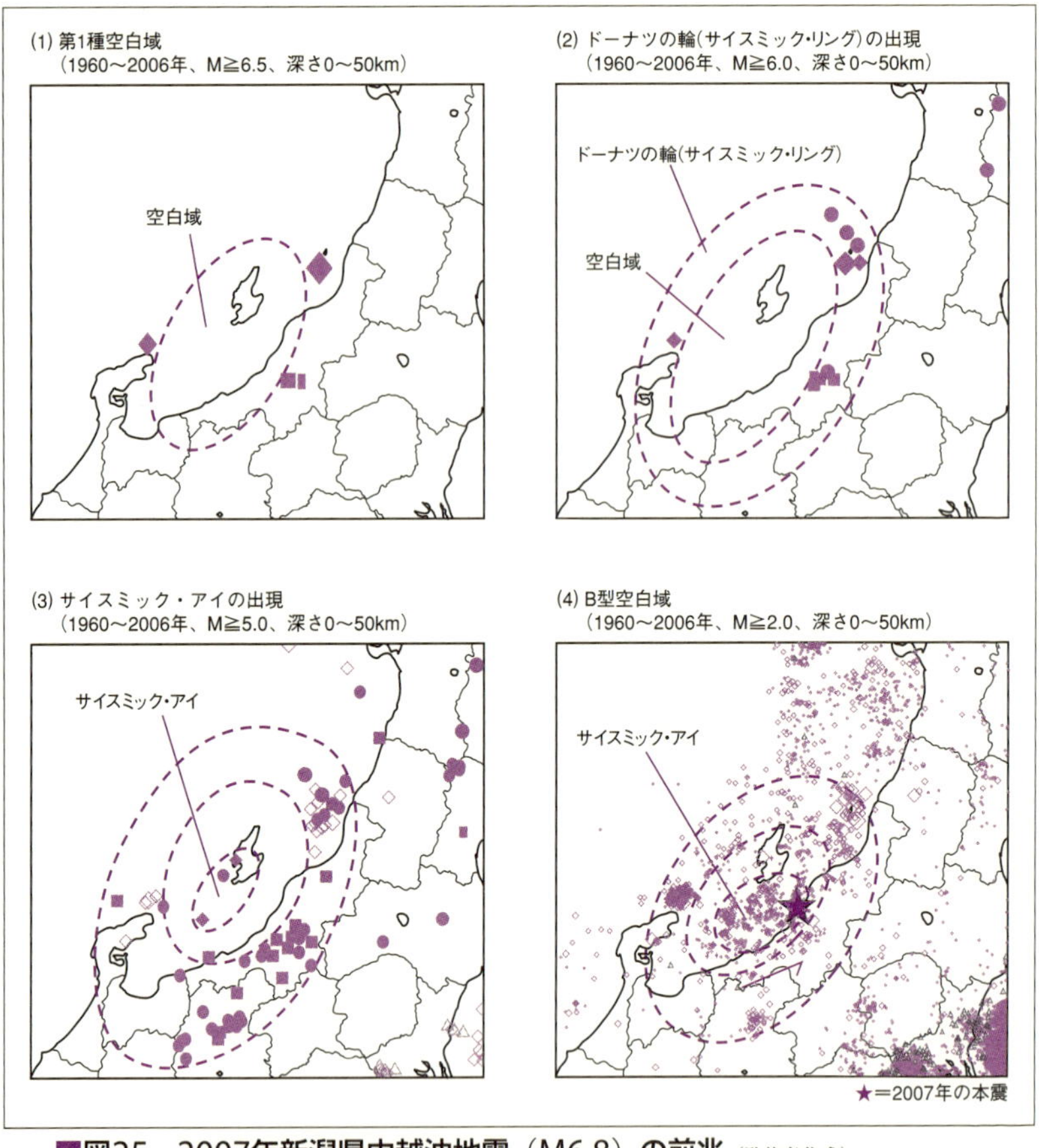

■図25　2007年新潟県中越沖地震（M6.8）の前兆（監修者作成）

名づけ、輪のなかに活動域があるものを「第2種B型空白域」として区別しました。そして、B型空白域のなかに現れる異常活動域を、ドーナツの輪のなかに浮かび上がってくる地震の目という意味で、「サイスミック・アイ」と名づけたのです。

図26は、新潟県中越沖地震が発生する前までの通常の地震活動を示しています。その中央に異常地震活動域ができていることがわかります。これが地震の目(サイスミック・アイ)です。この最小円のなかで、本震が発生しています。このように、サイスミック・アイを見つければ、本震の位置をより正確にとらえることができます。

また、冒頭に挙げた四川大地震のケースと同じように、サイスミック・アイは時間がたつにつれ、一定の方向に発達していることがわかりました。さらに本震は、サイスミック・アイの発達する方向で発生している可能性が高いこともわかってきました。サイスミック・アイのそれまでの活動域からはずれた、これまで地震活動のなかったような場所で発生するケースもあります。

図27は、新潟県中越沖地震のサイスミック・アイが発生してから起きた地震の頻度を棒グラフにしたものです。地震の発生回数が3段階に分かれており、それぞれe1、e2、e3とします。〝e〟は前述したようにeye(目)を意味します。1977年にサイスミック・アイが発現してちょうど30年後の2007年、本震が発生しました。

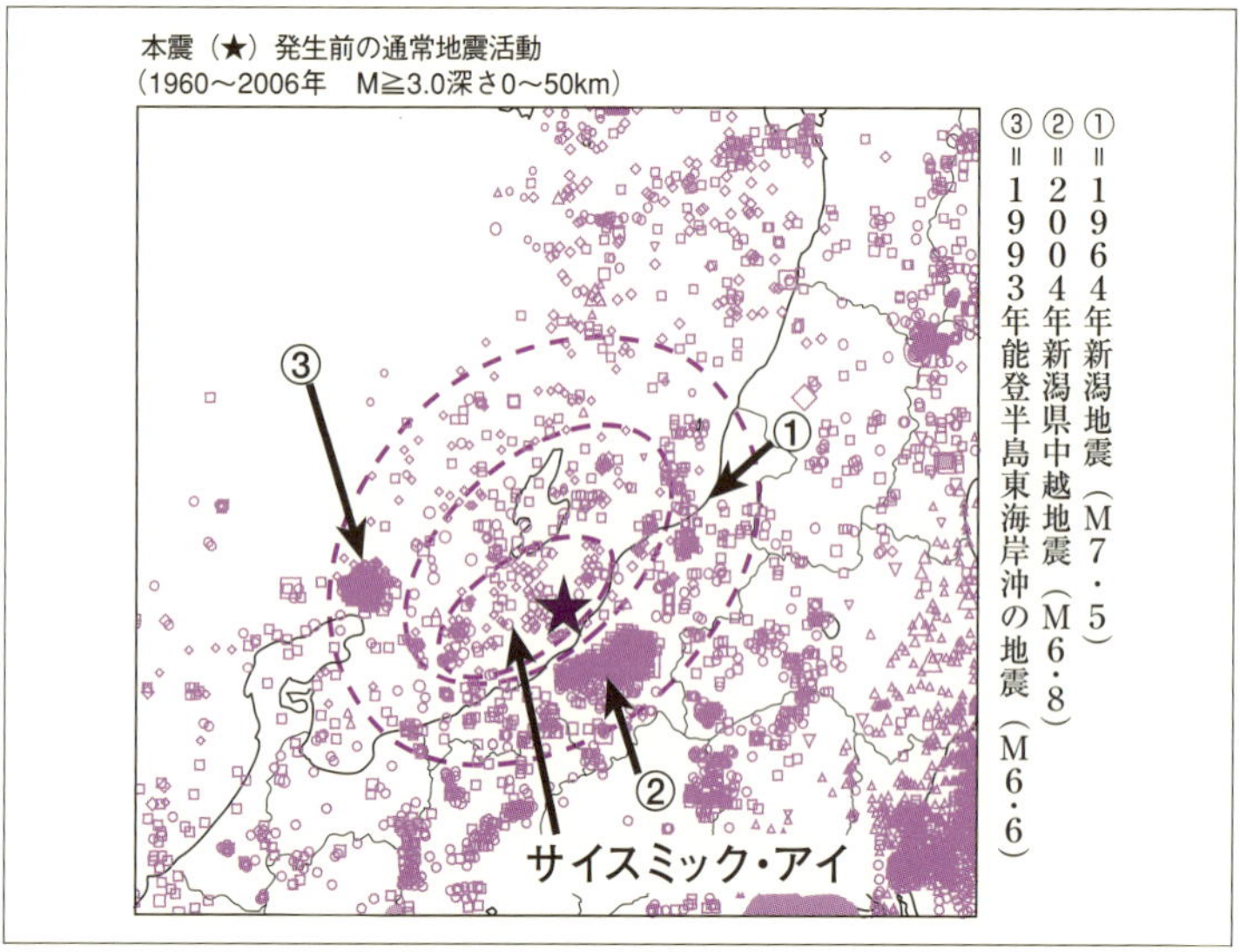

■図26　2007年新潟県中越沖地震の前後（監修者作成）

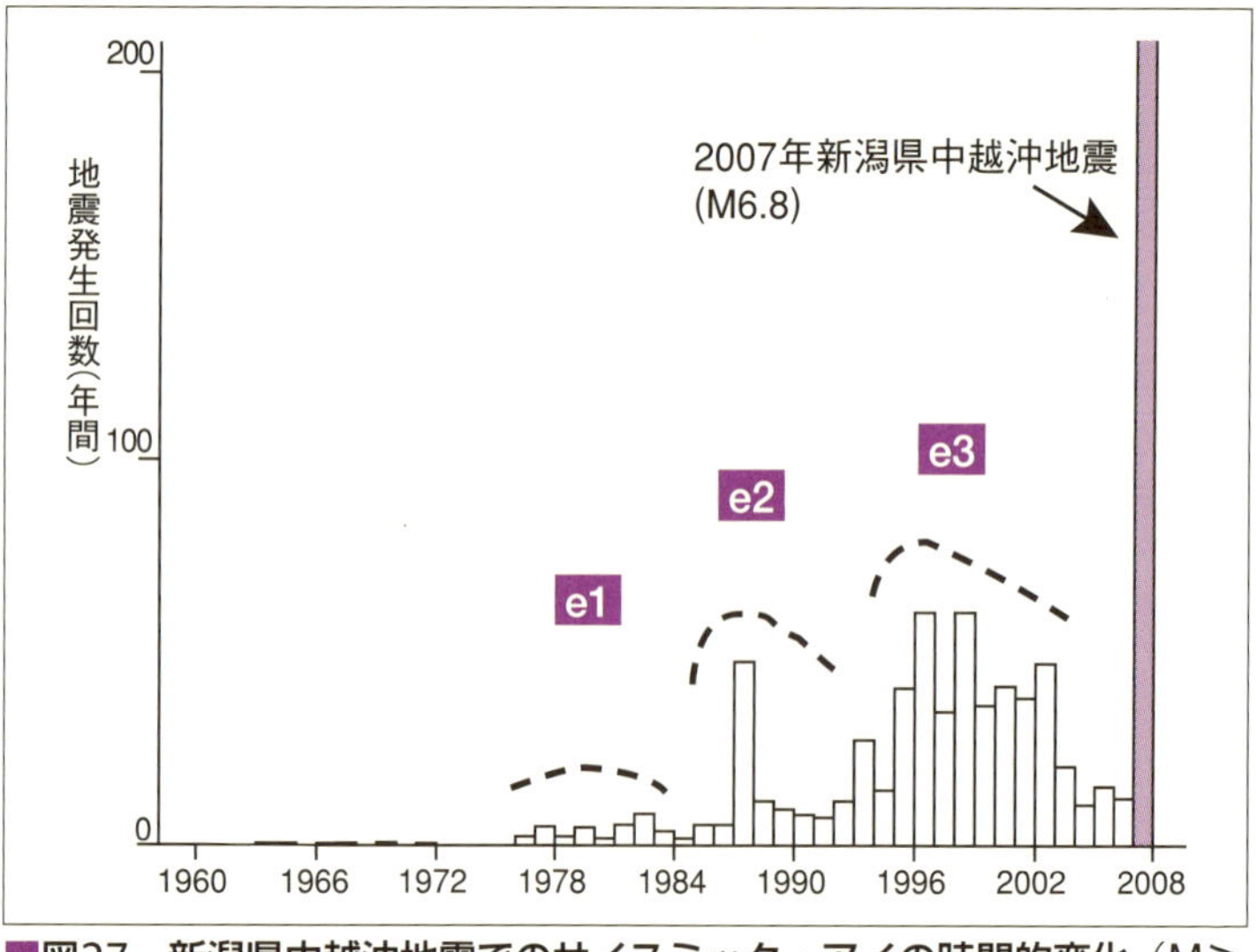

■図27　新潟県中越沖地震でのサイスミック・アイの時間的変化（M≧2.0、深さ0～50km）（監修者作成）

大地震の発生前から、ドーナツの輪（サイスミック・リング）内の地震活動が不活発になることは、現象としては知られています。この現象は、図27にあるe3の地震発生回数が本震前に極端に下がる状態を示しているのではないかと思われます。とすれば、e3の状態を的確につかめば、本震も正確につかむことができることになります。

ここで特筆しておきたいのは、1995年の阪神・淡路大震災をこの手法で再検討してみたところ、震央は事前に「第2種B型空白域」の〝ドーナツ現象〟状況を呈していたということです。

このサイスミック・アイは楕円状の形をしていますが、その長径の長さと、地震の規模はほぼ比例していることがわかってきました。図は略しますが、兵庫県南部地震（阪神・淡路大震災）の場合、サイスミック・アイの長径の長さは80キロメートルでした。この数字を、「断層の長さから地震の規模を求める換算式」に当てはめてみると、M＝8・0となりました。過去の内陸地震の経験によれば、実際にはこれ以下の大きさであると予想されます。そこで、実際に発生するとされる地震は経験的に約0・5を引いて、M7・5程度と換算されます。実際の地震規模は、兵庫県南部地震の場合、M7・3でした。

また、噴火の兆候として火山にもドーナツ現象が起こることが発見されています。

火山周辺にドーナツ状に地震活動が起こると溶岩流を伴う大噴火となるが、ドーナツ現象が起こらなかった場合は火山灰だけの噴火で終わるという関連性があるようです。

このいい例となったのが、フィリピン・ルソン島のピナトゥボ火山です。1991年6月、ピナトゥボ火山は大噴火を繰り返したのですが、ドーナツ現象を起こさず、結局、火山灰を降らせただけで終わっています。

一方、1983年の三宅島、1986年の伊豆大島・三原山、1991年の雲仙・普賢岳の噴火は、地震活動のドーナツ現象を起こし、溶岩流を伴っています。この関連性に気づいた木村名誉教授は、雲仙・普賢岳などの溶岩流出を予測しています。

火山噴火と地震の時空ダイヤグラムと〝木村メソッド〟

ここで次に、火山と地震の相関関係から地震の発生を割り出せる〝予知の仕方〟の基本となる考え方を、ざっと紹介しておきましょう。

活火山の周辺では、噴火があれば地震、地震があれば噴火が起こるという規則性があります。このことから、原理的には地震予知のみならず、噴火の予知も可能であるということになります。地震と噴火が互いに関係のない活動も、もちろんあるでしょう。ただ、大地震と火山活動は、付近の群発地震と応力による関係で、ある程度予測できるということなのです。

木村名誉教授は、地震と噴火の次のようなはっきりとした規則性を指摘しています。

【P1――群発地震発生期】

地震の根本的な原因である〝プレートの移動〟は、日本列島にストレスをかけ続け、火山周辺に歪みを生じさせます。プレートが押してきて圧縮応力がかかってくると、この応力による歪みが原因で火山体周辺にひび割れができ、群発地震が発生し始めます。これをP1（ピーク1）とします。このとき、マグマの最上部分は上昇し始め、しばしば小噴火を伴います。

【中規模地震の発生期】

プレートは常に押し続けて力をかけてくるので、また歪みによるストレスが大きくなり、中破壊（中規模地震）が起きて、歪みは一時的には解消されます。そのため群発地震もなくなり、マグマの上昇も止まります（P1とP2の間）。

【P2――大噴火の発生期】

さらにプレートが押し続けてくるので、そのうち群発地震が発生し始め、やがて火口からマグマが溢《あふ》れ出し、大噴火となります。これをP2（ピーク2）とします。

【中規模地震の発生期】

やがてそのうちに付近で中規模地震が発生し、噴火・地震活動が一時期やみます(P2とP3の間)。

P3――小規模噴火の発生期】

プレートにさらに押されると、また周辺の地殻に微妙な割れ目が生じ、群発地震が発生してP3に入ります。このとき、噴火活動を伴いやすいのですが、一度噴火を起こしているため、P2よりは穏やかな噴火になる傾向があります。

【大地震の発生期】

さらにプレートが押してくると、付近の大断層が動いて巨大地震が発生します。それでほとんどの歪みを解放し、そのあとこの火山は、比較的長い休止期に入ります。

このプロセスを、実際に起こった噴火と地震に当てはめてみましょう。

1912年に起こった大島・三原山の大噴火は、11年後の1923年に起こった関東大震災(M7・9)の予兆ともいえるものでした。また、1950年に大島・三原山が噴火したときには、その3年後、1953年に房総沖地震(M7・4)が起きています。

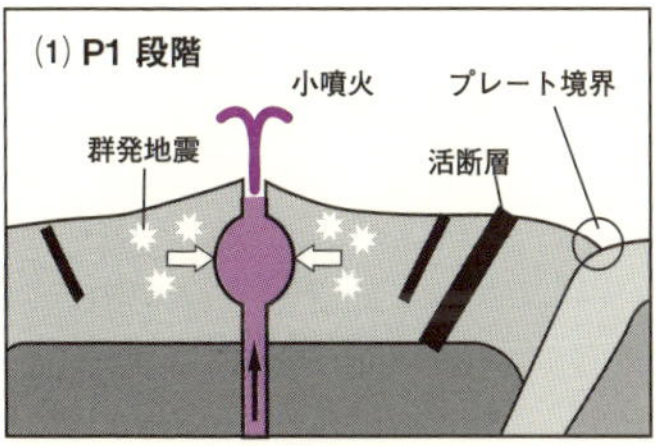

プレートの移動により火山周辺に歪みが生じる。この歪みで火山周辺のプレートでひび割れが起こり、群発地震が発生する。マグマは上昇し、しばしば小噴火を伴う

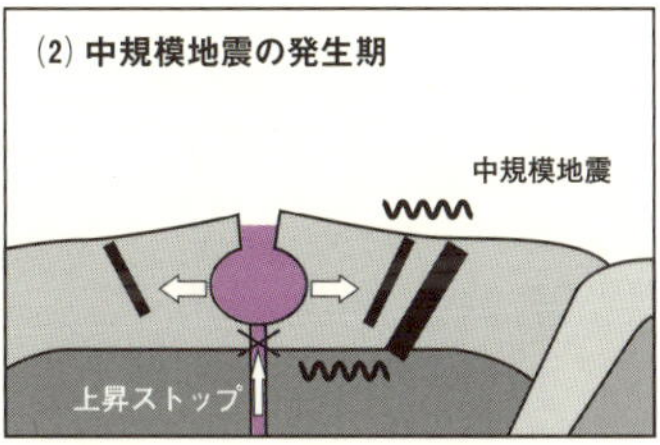

圧力がさらにかかると火山周辺の歪みが増し、地域内の小断層がずれて中規模地震が発生する。地震の発生によりストレスが一時的に解消されるので、群発地震とマグマの上昇は止まる

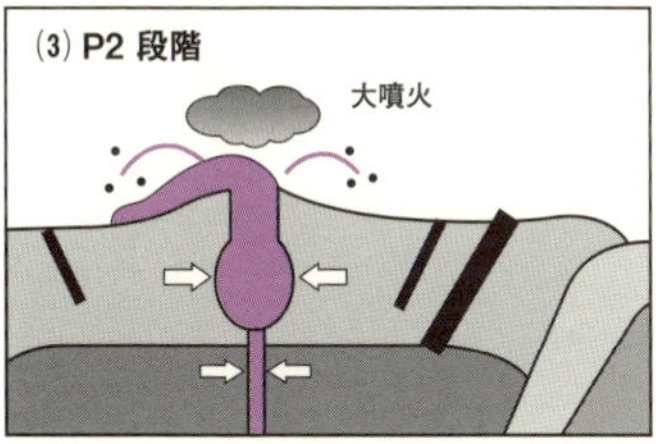

再びプレート圧によるストレスがたまり、群発地震が発生。やがてマグマが火口からあふれ出すほどの大噴火となる

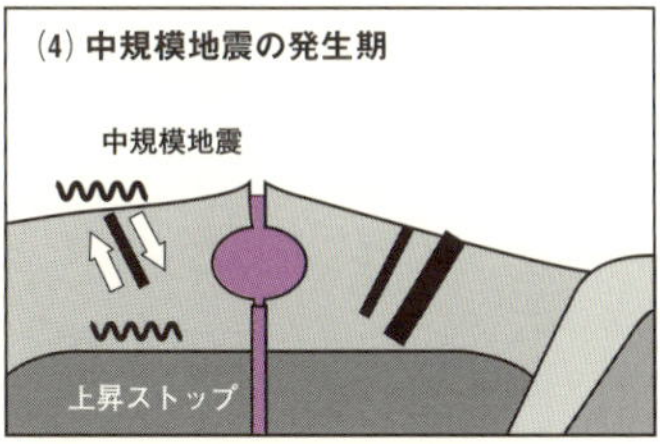

圧力は引き続きかかり、付近で中規模地震が発生して一時的にストレスが解消される。噴火と地震活動は一時期止まる

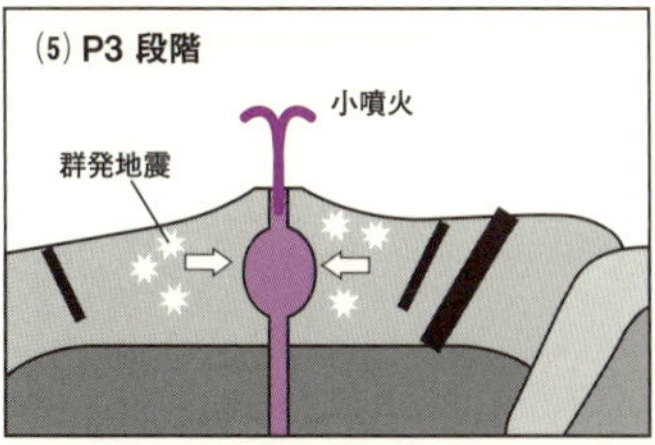

まだ圧力がかかり続けるため、再び火山周辺に群発地震が発生。火山活動は(3)で大噴火を起こしているので、やや規模の小さな噴火が起こる

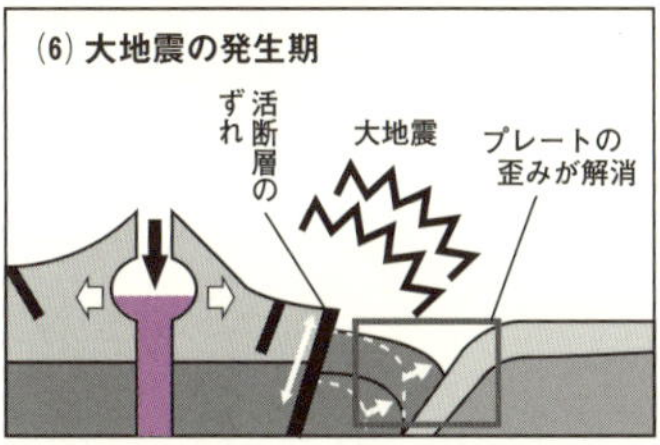

さらに圧力がかかると、大断層やプレートが動いて大地震が発生する。これによりストレスが解消。火山も地震もしばらくは休止期に入る

■図28　巨大地震の発生と密接に関係する火山の活動推移段階

1995年に起きた阪神・淡路大震災（M7・2）は、1991年に起きた雲仙・普賢岳が噴火してから4年後、普賢岳から490キロメートル離れた阪神・淡路大震災が発生しています。

さらに木村名誉教授は、2004年に起きた新潟県中越地震（M6・8）は、新潟・焼山、草津白根山、浅間山の3つの火山活動と連動している可能性が高いと主張しています。

このように、噴火のあと、いつごろどこで地震が起きるのか、木村教授は過去の地震と噴火の関係を調べていった結果、ある法則を見出しています。それを、噴火と地震の〝時空ダイヤグラム〟としてまとめていったのです。

次の項では、この関係をもっと詳しく見てみましょう。

噴火後X年、Yキロの地点で地震発生――時空ダイヤグラムの発見

前述したように、プレート境界ではプレートの移動によるストレスで、〈小噴火→群発地震→中規模地震→大噴火→中規模地震→小噴火→大地震〉というプロセスがあるらしいことがわかってきました。過去の歴史を見ても、火山の大噴火のあと、噴火した火山の周辺で大地震が起きています。

次に木村名誉教授は、噴火のあと地震が「いつ・どこで」発生するかを予測するのに、噴火と関連している地震について、噴火から地震が起こるまでの時間と火山と震源との距離に注目しました。前項であげた噴火と地震を例に見てみましょう。

●関東大震災の場合

1912年　大島・三原山噴火

1923年　関東大震災発生

↓11年後、火山から震源まで約80キロメートル

●房総沖地震の場合

1950年　大島・三原山噴火

1953年　房総沖地震発生

↓3年後、火山から震源まで約230キロメートル

この2つのケースでは、噴火からの時間と震源が関連しています。噴火後、早い時期に起こる地震はその火山から離れた場所で起きており、時間がたてばたつほど火山に近いところで大地震が起きているのです。ところが雲仙・普賢岳と阪神・淡路大震

災、焼山・草津白根山・浅間山と新潟県中越地震の場合、前のケースとは違います。

●阪神・淡路大震災の場合
1991年　雲仙・普賢岳噴火
1995年　阪神・淡路大震災発生
↓4年後、火山から震源まで約490キロメートル

●新潟県中越地震の場合
1983年　浅間山噴火
2004年　新潟県中越地震発生
↓21年後、火山から震源まで約90キロメートル

関東大震災と新潟中越地震を比べてみると、距離はさほど変わらないのに、時間は倍も違っています。また、房総沖地震と阪神・淡路大震災を比べると、わずか1年の違いなのに、距離は倍以上も違うのです。これでは予測が成り立ちません。

しかしこれは、起きた地震がプレート上の地震（プレート間地震）か、プレート内部で起きた地震（プレート内地震）かによって、距離と時間がずれるのではないかと

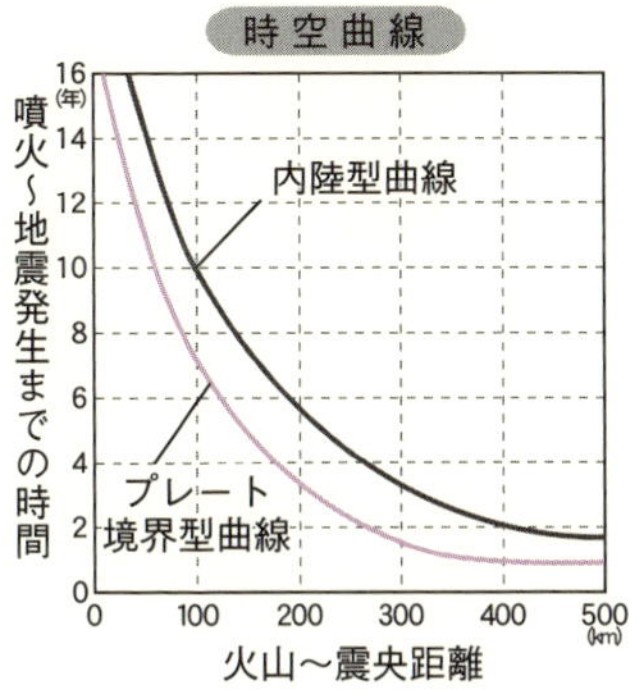

●噴火と震源の距離と時間の法則

火山活動のＰ２段階と思われる噴火後、早い時期に起きる大地震は、火山から遠い場所で発生し、噴火から長時間経過してから起きる大地震は、火山から近い場所を震源としている。ただし、内陸型地震とプレート境界型地震では異なる曲線を描く

■図29　火山噴火と地震の“時空ダイヤグラム”

木村名誉教授は気づきました。というのも、大島・三原山に関連する2つの地震は、フィリピン海プレート上面の歪みが解放されたための地震であり、一方の阪神・淡路大震災や新潟中越沖地震は、プレート内部で発生した地震だったからです。このことから、プレート内地震はプレート間地震より噴火後に遅れてやってくると結論づけました。これはおそらく、プレート間（海溝型）地震には直接海洋側のプレートから強いストレスがかかるためだろうと思われます。

こうした火山の噴火と地震発生の関係は、図29の〝時空ダイヤグラム〟としてまとめられました。この右下がりの曲線を読むことにより、地震がどのあたり（火山からの距離）で発生するかを予測することができるようになりました。

実際に、今まであった「プレート境界型曲線」

の時空ダイヤグラムに、新たに「内陸型曲線」を取り入れだしたきっかけとなったのは、1993年の北海道南西沖地震でした。有珠山の噴火（1977年）と日本海側の震源への距離は140キロで、1994±3年と計算されました。ところが実際には16年後の1993年に、北海道南西沖地震は起きています。その後、阪神・淡路大震災も新潟県中越地震も、従来の計算方式で出した予想より〝遅れて〟発生しました。そこでその〝差〟を解消すべく計算し直した結果、新方式による計算式が完成しました。この時空ダイヤグラムの「内陸型曲線」が完成したのは、新潟県中越地震のあと、2005年になります。

巨大地震を予測する有効な手法の一助

時空ダイヤグラムは、〈プレートが押してくる力（応力）がまず初めに断層という〝ひび割れ〟にストレスをため、そのストレスによる歪みが火山のマグマだまりを圧迫することで大噴火が起き、その後、それでもストレスを解消できなくなり、巨大地震を発生させ、ストレスが解消されたあとは、噴火活動はようやく終息する〉というプロセスに基づいています。

ここで注意していただきたいのは、決して噴火が原因で地震を起こしている説ではないということです。地震はプレートが動いて断層などにストレスがたまることにより起こります。火山のあるなしにかかわらず、です。時空ダイヤグラムが意図するところは、プレートの境界や断層の周辺に火山があったときに、その火山の活動状況を判断することで、地震が起こるまでのおおよその見当をつけやすい、ということです。

また、時空ダイヤグラムでは噴火から地震までの時間と空間（距離）の関係性は示せているのですが、具体的にどこが震源となるのかまでは予測することができません。地震を予知するためには、時空ダイヤグラムだけでなく、別の手段も含めて震源を予測する必要があります。そのための有効な手段が「空白域」を見つけたり、「地震の部屋」を前もって特定しておくことでしょう。この地震の部屋については、詳しくは161ページを参照してください。

さらに複数の火山の噴火があった場合には、震源の予測精度を上げることが可能になってきます。新潟県中越地震のように、焼山・草津白根山・浅間山の3つの火山の噴火がある場合は震源域と時期をかなりの精度で求めることができます。2003年の十勝沖地震の場合でも、雌阿寒岳（1996年）→十勝岳（1998年）→有珠山（2000年）と次々に噴火していって、地震が起こったという〝実例〟があります。

ただ現実は、これほどわかりやすい例ばかりあるわけではありません。火山がまとまって活動しない場合もありえますし、地震も1回だけでなく数回に及んだり、複数の地点でも起こりうることです。

しかしながら、木村名誉教授はこれまで述べてきたような手法を使って、阪神・淡路大震災や新潟県中越地震、鳥取県西部地震、石垣島南方沖地震、釧路沖地震などの発生を的中させてきました。万全な手法とはいえないまでも、ある程度の目安にはなったのです。また、火山の噴火に関しても、三宅島、大島・三原山、雲仙・普賢岳の噴火を予知することに成功しています。

ここまで述べてきた〝巨大地震を予知する方法〟を、ここでわかりやすくまとめておきました。

①地震の空白域（第1種、第2種A・B）をチェックします。
②地震の空白域に影響を及ぼすとみられる火山の状態を、その火山のP（ピーク）が今どの状態にあるのかで評価します（137ページ参照）。
③P3（ピーク3）に達した火山をチェックします。
④〝時空ダイヤグラム〟とは別に、震源の位置を予測してみます。また、活断層の位置も参考にします。

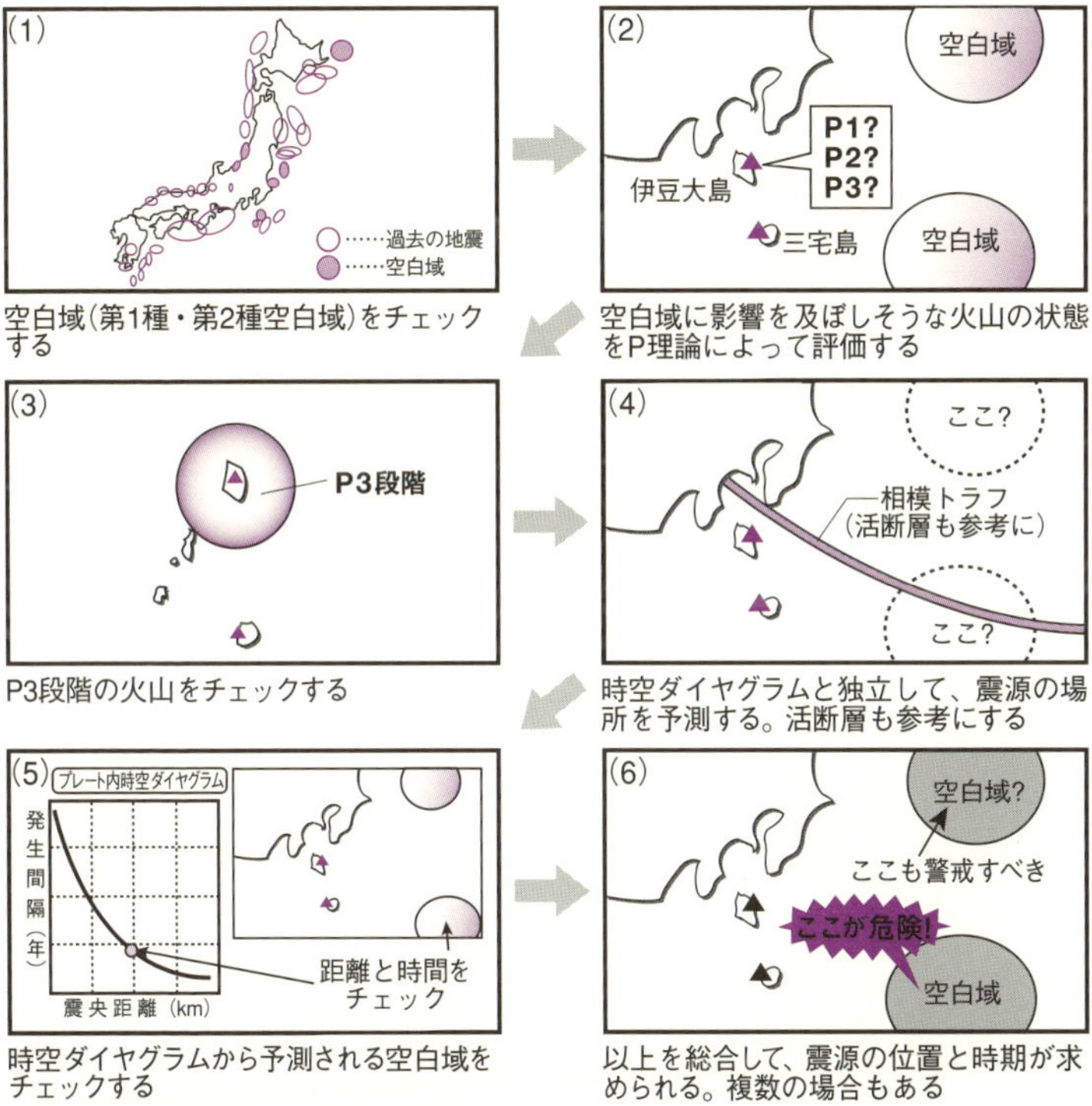
(1)
過去の地震
空白域
空白域（第1種・第2種空白域）をチェックする
(2)
空白域
P1?
P2?
P3?
伊豆大島
三宅島
空白域
空白域に影響を及ぼしそうな火山の状態をP理論によって評価する
(3)
P3段階
P3段階の火山をチェックする
(4)
ここ?
相模トラフ
（活断層も参考に）
ここ?
時空ダイヤグラムと独立して、震源の場所を予測する。活断層も参考にする
(5)
プレート内時空ダイヤグラム
発生間隔（年）
震央距離（km）
距離と時間をチェック
時空ダイヤグラムから予測される空白域をチェックする
(6)
空白域?
ここも警戒すべき
ここが危険!
空白域
以上を総合して、震源の位置と時期が求められる。複数の場合もある

■図30　地震予知への“木村メソッド”

●大島・三原山噴火――写真は全島民が避難した大噴火から1年後の再噴火（1987年11月17日）のもので、下方に86年の噴火口4つが見られる

⑤〝時空ダイヤグラム〟から予測される空白域をチェックします。

⑥以上の点検項目を総合して、震源地を求めていきます。震源地は、複数に及ぶ場合もあります。

さらに、〝サイスミック・アイ〟が発生している場合は、もっと場所と時間を絞り込めます。図30に次のものを付加できるのです。

⑦地震の目〝サイスミック・アイ〟が発生すると、その付近で大地震が起こる可能性が高く、場所を推定できます。

⑧〝サイスミック・アイ〟が発生してから、本震が起きるまでの期間は約30年なので、時間が推定できます。

⑨〝サイスミック・アイ〟の大きさと、本震の大きさは関係し合うために規模を推定できます。

4-2 〝地震列島・日本〟——1990年代から2000年代へ

1990年代以降、日本列島は内陸型中〜大地震シリーズに入った

1980年から1990年代に入って、日本列島とその周辺域（台湾など）で地震が多発しています。北から挙げていけば、1995年のサハリン大地震（M7・6）、1993年の北海道南西沖地震（M7・6）、この地震による奥尻島を襲った津波は記憶に新しいところです。そして、1983年の日本海中部地震（M7・7）、1995年の阪神・淡路大震災（M7・3）、など。木村名誉教授によれば、一連の大地震の数々はすべて関連して起こっており、この地震シリーズはまだ当分続き、次の大地震を引き起こすとしています。

先に挙げた一連の大地震シリーズは、大まかに見れば1つの大きな断層が割れて起こった地震であると判断しています。その〝1つの大きな断層〟とは「日本列島断層」あるいは「日本列島大断層」と名づけられています。この日本列島断層は、いうなれ

ば巨大な活断層です。

　地図上では最上部のサハリンから南に下り、北海道・東北の日本海側を通り、富山県から岐阜県北部を通り抜け、琵琶湖から京都・神戸・淡路島を通り、中央構造線と呼ばれる活断層へとつながり、四国を吉野川沿いに西へと向かっています。さらに、九州・別府あたりから雲仙・普賢岳付近を通り、南下して沖縄トラフの中軸部に沿い、台湾に至っています。この断層は、日本列島の真ん中を貫いているのです。木村名誉教授は、この大活断層が次から次へと割れようとしているのだと指摘しています。このような一連の大地震が起こったラインは、最近、「歪み集中帯」という呼び方で注目されています。この点については、第5章（182ページから）で詳しくふれていきます。

　この日本列島断層の南西端は沖縄トラフにつながっていますが、活動的な沖縄トラフ近辺ではフィリピン海プレートが押し寄せてくるため、過去、中規模地震や大地震が頻繁に起こっています。一方、東北地方は、北米プレートとユーラシアプレートの境界にあたり、ここも地震が起きやすい地域です。日本海中部地震をはじめ、近年の大地震の多くが、この日本列島断層で起きています。

　世界の地震多発地帯の動きなどを見ても、日本を襲ってくる一連の地震シリーズは、ここ当分続くものと思われます。というのは、ユーラシアプレートの西の端に位置するトルコやギリシャ、パキスタンでもユーラシアプレートの西側の動きによる大地震が起こっています。当然、ユーラシアプレートの東側に位置する日本列島も、大地震のシリーズに突入すると予測しても、それほど間違いではないでしょう。

▼⑴1990年代前半は、北海道・東北で活発な動きが見られた

1990年代前半、地震はまず、北海道や東北に集中しました。

1993年1月、北海道・釧路沖で釧路沖地震（M7・8）が発生し、同年7月には北海道南西沖地震（M7・8）が続けざまに起きました。これら2つの地震とも空白域とされていた領域であり、1989年に噴火した十勝岳とも関連づけて考えることができます。このとき十勝岳はP2（ピーク2）段階で噴火しており、時空ダイヤグラムによる予想は10年後の十勝沖地震でした。しかし、木村名誉教授は地震は必ずしも太平洋側で起こるものではないということで、当時、日本海側で起きる危険性も指摘していました。

また、北海道南西沖地震は1977年に起こった有珠山の噴火との関連性も見出せました。有珠山と北海道南西沖地震の震央との距離は、約140キロメートルと近距

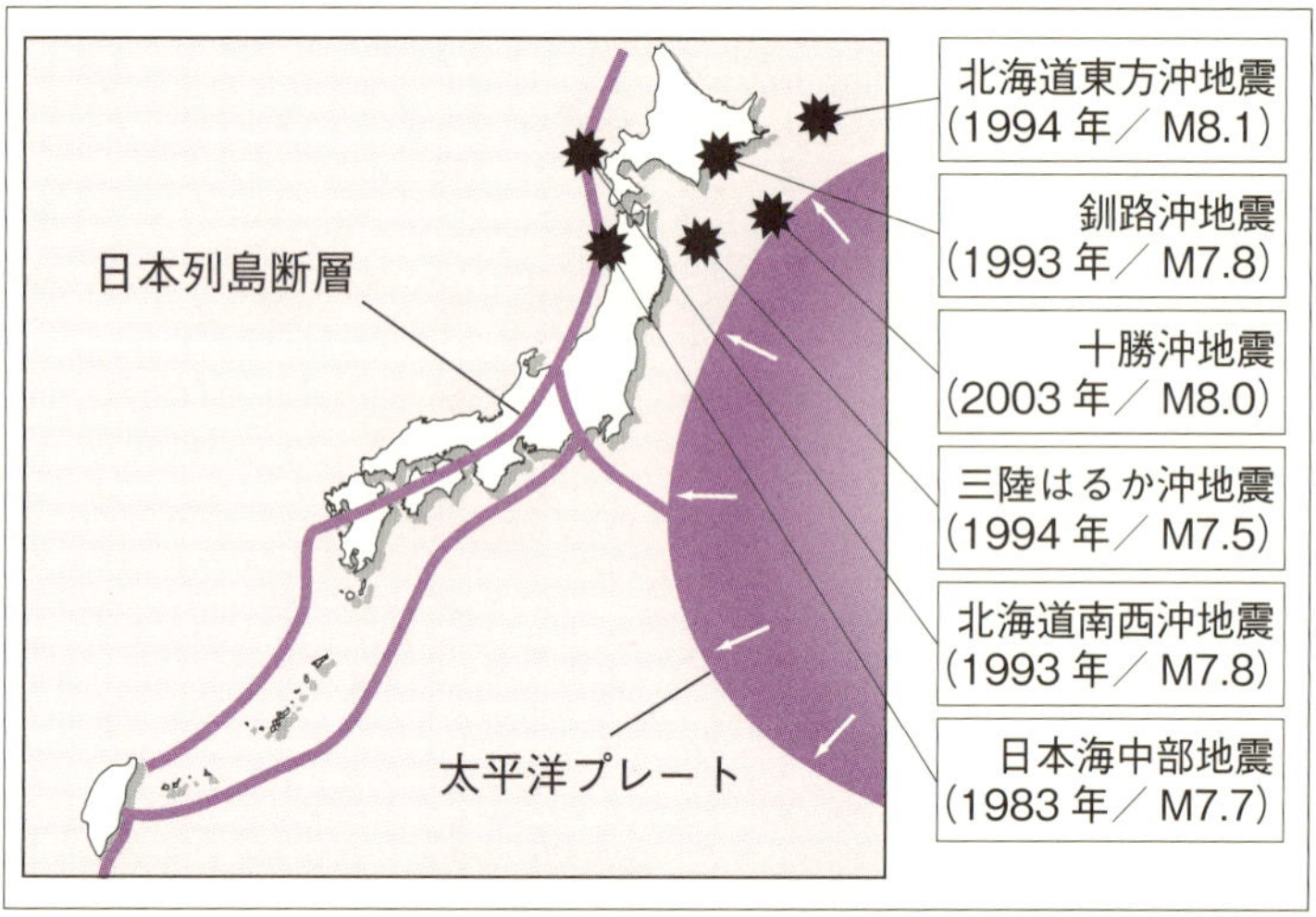

1995年ごろまでは、太平洋プレートが日本列島の下に入り込み、その応力によって発生した地震が中心だった。2000年に入っても、十勝沖地震（2003年、M8.0）が発生するなど、太平洋プレートの応力による地震シリーズが終わったかどうかはわからない

■図31　1990年代前半に起こったおもな地震

●2003年の十勝沖地震により、変形しながら燃える苫小牧市のナフサ貯蔵タンク──同地震は現代化学工業と地震という面から、防災へ課題も多大なものを突きつけた

離だったため、地震が起こるまでに16年もの時間を要したと考えられるのです。

なお、十勝岳は1985年にも小規模な噴火を起こしており、このときの噴火を仮にP2だったと考えると、噴火してから8年後に釧路沖地震が発生したことになり、震央から十勝岳までの距離約250キロメートルと照らし合わせれば、時空ダイヤグラムに載ったといっていいでしょう。

こうして北海道・東北での地震はその後も続き、1994年10月に北海道東方沖地震（M8・1）が発生。1993年の釧路沖地震はM7・8と巨大地震だったにもかかわらず、周辺のストレスが完全には抜き切っていたわけではなく、近くで北海道東方沖地震が起きてしまいました。

同年12月には三陸はるか沖地震（M7・5）が発生しましたが、三陸沖自体を推定される地震の空白域として絞ることができていました。震源域が予想よりも多少遠かったのですが、そのぶん予想より時期が早まっているということで時空ダイヤグラムの仮説を裏づける結果となりました。

1995年にはサハリン大地震（M7・6）が発生しています。直下型地震で震源も浅かったため、3000名を超える犠牲者が出てしまいました。このサハリン大地震は、クリル半島（カムチャッカ半島）のシベルチ火山の30年ぶりの噴火（1993

年）と関連づけられるでしょう。

火山からサハリン大地震の震央までの距離は約1200キロメートルで、時空ダイヤグラムに載せると噴火からわずか1～2年で大地震が起こると予想できましたが、まさにそのとおりになっています。

▼⑵ 1990年代後半、西日本できわめて活発になった地震活動

ところが1995年に入って、様相は一変しました。1995年1月17日、阪神・淡路大震災が発生したのです。それまで関西一帯では、「関西には地震が起こらない」という風潮でしたが実際には、そんなことはありません。1595年には京都・伏見で地震が発生し、当時で1100人以上の死者が出ていましたし、1830年には、京都で起きた地震で280人の死者が出ています。400年前といえども、地質学的には実はあっという間の出来事なのです。

この阪神・淡路大震災によって、日本の地震活動は以後、ガラリと変わりました。北海道・東北で相次いで起きた地震は、これを機に2003年の十勝沖地震まで東北日本では起こらなくなり、西日本を襲うようになってきました。

1998年には石垣島南方沖地震（M7・7）が発生、1999年には、日本列島

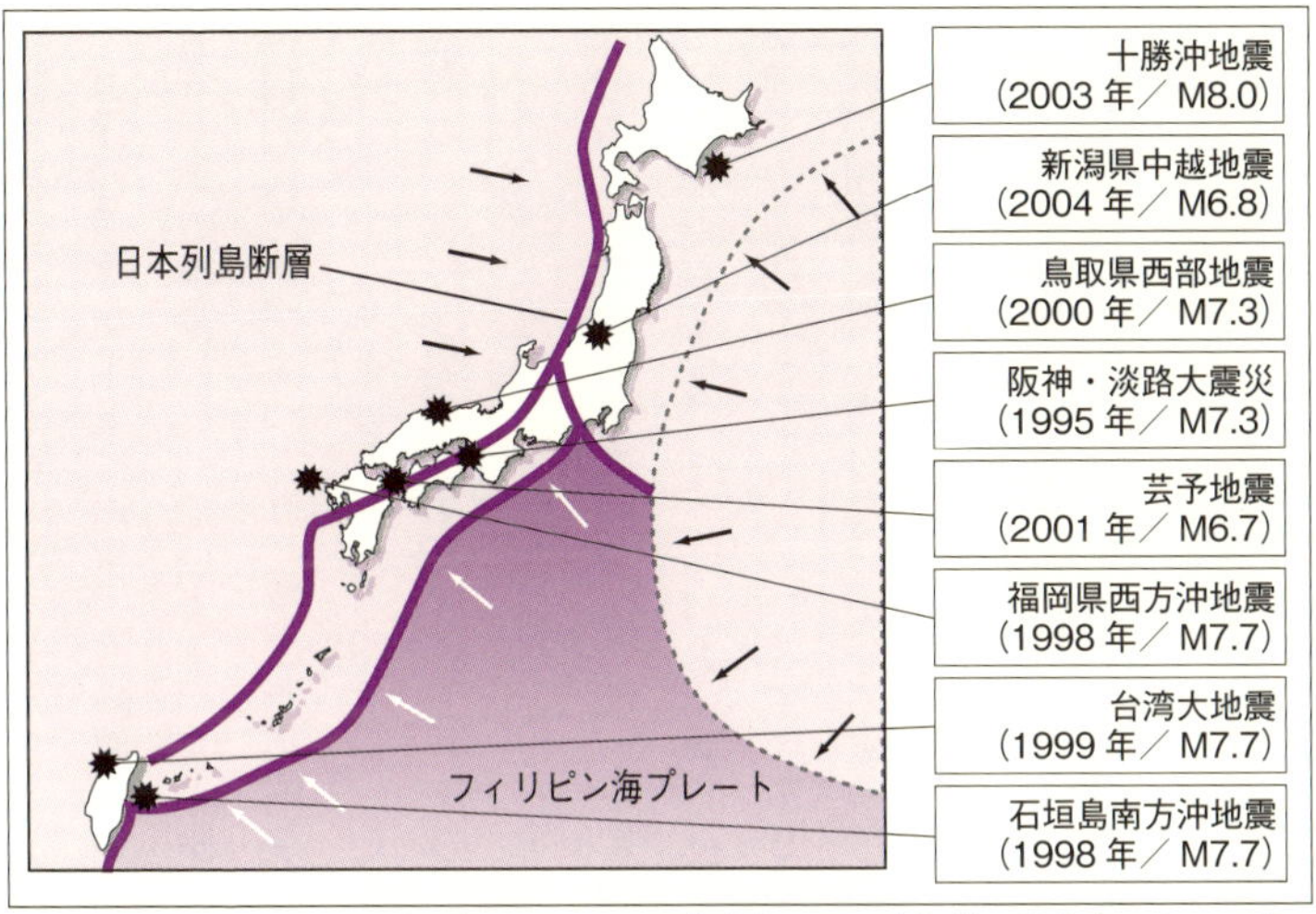

1995年以降から、フィリピン海プレートが日本列島の下に入り込んだ応力によって発生した地震が多くなる。その傾向は、2000年くらいまで続いた

■図32　1990年代後半に起こったおもな地震

断層の西南の延長線上にある台湾で、台湾大地震（M7・7）が起きています。

台湾で起きた大地震は、1991年から始まった雲仙・普賢岳の噴火と関連している可能性があります。雲仙・普賢岳の大噴火は、大地震シリーズの始まりであり、2000年までには九州から琉球列島、台湾にかけての空白域で大地震が起こると予測されていました。そして地震の起こる候補地の1つに、八重山諸島の空白域もあげられていました。ユーラシアプレートの上に載っている台湾は、常に東からフィリピン海プレートに押され続け、ストレスがたまっていたのです。

　海洋側のプレートは通常、大陸側のプレートの下に潜り込んでいきますが、台湾は特殊な地殻構造になっています。海洋側のプレートと大陸側のプレートがまともに台湾島の真ん中でぶつかり、そのため内陸部が隆起しています。この歪みが解放されるとき、激烈な地殻変動が起きやすいという傾向を持っています。１９９９年の台湾大地震のときには、高さ4~5メートルの断層が数多く発見されています。

　この台湾大地震は、前年に起きた石垣島南方地震によって石垣島の南方にあった地殻のストレスは解消されたものの、かえってストレスが台湾に集中したため起こったものと思われます。また木村名誉教授は、この台湾大地震は西表島《いりおもてじま》の群発地震との関連でも説明できるとしています。１９９１年当時、西表島では海底火山による群発地震が頻発していました。そしてその年の5月、Ｍ５・４の地震が発生しています。

　西表島で群発地震が起きてから7年後の１９９８年には、西表島から３００キロメートルの距離にある石垣島南方で地震が起き、また1年後の１９９９年には、２５０キロメートルの距離にある台湾中部で大地震が起きています。

2000年以降は、内陸直下型地震に注意を!

では、2000年代の地震シリーズはどのようになるのでしょうか。今まで見てきた1990年代の地震活動から予想してみます。

1990年代の初めは、太平洋プレートからの圧力がおもに東日本にかかっていました。そのため太平洋プレートと北米プレートとの境界にあたる北海道・東北の太平洋側と、北米プレートとユーラシアプレートの境界にあたる北海道・東北の日本海側に、火山の噴火と地震が集中していたように見えます。

ところが1995年を境に、太平洋プレートはフィリピン海プレートに圧力をかけるようになりました。このため日本列島断層の南方側は強い圧力を受けることになり、西日本全体が圧迫を受けるようになったと推測できます。

1991年に起こった雲仙・普賢岳の噴火と、西表島《いりおもて》で起こった海底火山の噴火と群発地震は、太平洋プレートからの圧力によって日本列島断層全体にたまったストレスがはき出された表れと考えることができるでしょう。

太平洋プレートの圧力を受けたフィリピン海プレートからの圧力が強くなったのが、1995年ごろからで、その〝変わり目〟を表すシンボリックな〝事件〟が、阪神・淡路大震災でした。それ以降、石垣島南方地震（1998年）、台湾大地震（1999年）と続きますが、これで終わることはないでしょう。西日本に伸びた日本列島断層の外側にある、紀伊半島沖から四国沖に向かって伸びる南海トラフの場合、100～200年に1度の周期で大地震を起こすことは、前述したとおりです。

2000年代に入って、2003年には十勝沖大地震（M8・0）が、2005年8月には宮城県沖でM7・2の地震が、2007年1月にはサハリン沖でM8・2の大地震が起きました。

その一方で、2000年には鳥取県西部地震（M7・3）が、2004年9月には紀伊半島沖でM7・1とM7・4の地震が連続して発生し、2004年10月には新潟県中越地震が起きています。さらに2005年には福岡県西方沖地震（M7・9）が起き、この近辺ではM5クラス以上の地震が数回、連続して起きています。したがってこの時点では今後、北海道や東北地方に圧力が移るのか、関西や西日本に圧力がかかり続けるのか、予断を許さない状況にあります。とりわけ現在は、プレート間（境界型）大地震が周期的に起こる間の、内陸型地震が起きる時期、しかも中～大地震が発生するシリーズのまっただ中にあると考えられます。そのため、ここしばらくは厳重な警戒が必要で、琉球列島（南西諸島）以外は、内陸直下型の地震を中心に考えたプレート内地震に注意を払う必要があります。

「西日本」の範囲は、〝関東〟も含まれるということには注意が必要です。フィリピ

■表2　世界的な大地震の流れ

年／月／日	国／地域	M	死　者
●中国およびその周辺			
1988／11／06	中国／雲南省・ミャンマー	7.3	730
1999／09／21	台湾南西部（台湾大地震）	7.7	2,400
2002／03／31	台湾北東部	7.3	5
2003／02／24	中国／新疆ウイグル自治区	6.8	300
2008／05／13	中国／四川省	8.0	69,146
●イランとその周辺			
1981／06／11	イラン南部	6.7	3,000
1981／07／28	イラン南部	7.1	1,500
1988／12／07	アルメニア（アルメニア地震）	6.82	5,000
1990／06／20	イラン	7.63	7,000
1997／05／10	イラン東部	7.3	2,000?
●東南アジア			
1990／07／16	フィリピン／ルソン島	7.82	100
1992／12／12	インドネシア	7.5	2,200
1994／02／15	インドネシア	7.0	210
1994／06／02	インドネシア	7.2	280
1998／07／17	パプアニューギニア	7.0	2,500
2002／09／09	パプアニューギニア	7.6	2?
●地中海周辺			
1980／10／10	アルジェリア	7.3	3,500
1980／11／23	イタリア南部	6.84	700
1983／10／30	トルコ東部	6.9	1,400
1992／03／13	トルコ	6.8	500
1999／08／17	トルコ西部（トルコ大地震）	7.4	16,000
1999／11／12	トルコ北西部	7.2	400
2003／05／01	トルコ南東部	6.4	158
2003／05／21	アルジェリア	6.7	3,000?
●インド・パキスタンとその周辺			
1988／08／21	インド・ネパール	6.5	1,500
1991／02／01	アフガニスタン・パキスタン	6.4	600
1991／10／20	インド北部	7.1	770
1993／09／29	インド南部	6.3	10,000
1998／02／04	アフガニスタン北東部	6.1	4,000
1998／05／30	アフガニスタン北部	6.9	5,000?
2001／01／26	インド西部（インド大地震）	6.9	20,000?
2002／03／03	アフガニスタン北部	7.2	70?
2002／03／25	アフガニスタン北部	6.0	1,000
2005／10／08	パキスタン北部	7.7	40,000?
●北・中・南アメリカ			
1985／09／19	メキシコ（メキシコ地震）	8.1	5,900
1987／03／06	エクアドル・コロンビア	6.9	5,000
1989／10／18	アメリカ／カリフォルニア（ロマ・プリータ地震）	7.1	62
1992／09／02	ニカラグア	7.2	180
1994／01／17	アメリカ／カリフォルニア（ノースリッジ地震）	6.8	60
2001／01／13	エルサルバドル	7.6	3,000?
2003／01／21	メキシコ南部	7.6	25?

ン海プレートは、伊豆半島から房総沖にわたっているため、関東地方も警戒の手を緩めてはならないということなのです。

関東大震災の震源は、フィリピン海プレートに沿ったところに位置します。フィリピン海プレートの圧力は台湾に現れやすいのですが、関東大震災は東側の端である関東地方にも常に圧力が加わっていることを証明しています。関東大震災が起こる1年前、台湾で大地震（M7・6）が発生していますが、これは同じフィリピン海プレートによるストレスの具体的な例としてみてよいでしょう。

＊「はじめに」に示したように、本文を著した直後に岩手・宮城内陸地震が起こった。その概要をここに記しておこう。2008年6月14日午前8時43分に発生。震源は岩手県内陸南部、深さ8kmときわめて浅い内陸直下型であり、岩手県奥州市、宮城県栗原市で震度6強を記録。モーメントマグニチュード（Mw）は6.9で、阪神・淡路大震災と同じ規模を示した。メカニズムは西側の地盤が東側に乗り上げる逆断層型で、地滑りなどの被害は地表で見つかった断層西側の余震域に集中している。同地震の特徴は山体崩壊が起きるなど被害が山間部に集中したことで、秋田県境に近い岩手県一関の山間部では4022ガルという、国内最高の加速度も観測された。

4-3

“これから起こる”日本の大〜巨大地震への“目”

地震の部屋——震源エリアはほとんど決まっている

現在、日本列島を襲うとされる巨大地震については、その震源となる地域（「地震の部屋」と呼ぶ）はほぼ決まっているようです。相模トラフから日本列島の南岸沿いに走る南海トラフを例にとると、震源エリアは、大きく3つのブロックに分けることができます。駿河湾と駿河灘、三重〜愛知県沖、和歌山県沖から四国沖にかけての3つの地域です（図33）。これはちょうど、巨大地震が起きると予測されている東海沖、東南海沖、南海沖に相当します。

それぞれのブロック（地震の部屋）は、大きいもので長さ約100〜200キロメートル、幅約50〜100キロメートルにわたっており、この3つのブロックは過去、それぞれ独立した部屋のように振る舞ってきました。

このような地震の部屋が存在しないところで巨大地震が起こることはめずらしく、

仮に発生してもより小さな規模の中～大地震にとどまっており、歴史を振り返ってみても、巨大地震は必ず「地震の部屋」で起きています。

これまで述べてきたことをここで簡単におさらいしておくと、プレート境界を支えてきた歪みがはずれて起こる地震が、プレート間（境界型・海溝型）地震といわれる巨大地震で、震源となる地域はプレート境界の近辺にあります。

日本列島はプレート境界が入り組んでおり、東側には太平洋プレート、西側にユーラシアプレートが控え、南側にはフィリピン海プレート、北側には北米プレートが押し寄せてきます。そのためとりわけ日本列島の場合、地震の部屋を明らかにしておくことが是非とも必要になってきます。

ただ、ここで1つの大きな問題があります。人類が知っている限りの地震は、地質学的な時間から見れば、ほんの一瞬の歴史にすぎず、完全に地震の部屋を調べ尽くしたとは言い難いのです。なかには、見逃した地震の部屋があるかもしれません。

プレート境界付近の地震の部屋であっても、地震予知については非常に困難な場所もあります。たとえば、静岡から糸魚川にかけて日本列島を縦断している「糸魚川《いとい》—静岡構造線」や、四国北部を横に縦断している「四国北部中央構造線」も、把握しにくい困難な場所だからです。

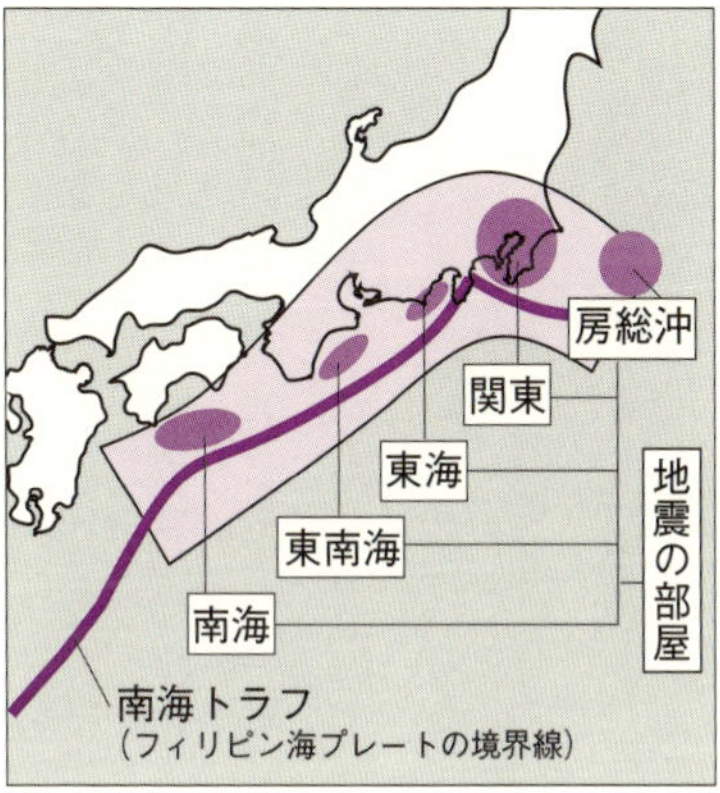

フィリピン海プレート境界線上でも、地震の繰り返される地域は決まっている。「地震の部屋」は、南海トラフでは南海沖、東南海沖、東海沖だ。相模トラフでは関東、房総沖などに「地震の部屋」がある

■図33　「地震の部屋」を探る

というのは、これらの構造線上では、プレート境界でありながらこれまで大地震の記録が残されておらず、地震が起こらないと考えられてきました。確かにプレート境界の地下深くでは長くつながって続いているのですが、地表付近では100キロメートル、あるいはそれ以上の長さにわたって途切れています。つまり、地表付近では傷口のあるところとないところがあるのです。そのため、地殻の表面付近で起こった地震については、その傷口が確認できるのですが、表面より深いところで起こった地震はわかりにくいのです。仮に一度地震が起こっていても、その傷口がふさがったという場合もあります。

とはいえ、地震予知の立場からすれば、

「地震の部屋」を見ることは、今まで発生した地震から今後に起こる地震を想定できるので、非常に重要なことなのです。

前述したように、地震にはプレート間地震のほかに、プレート内地震――直下型・内陸型地震などがあります。これは、プレート内にある断層が割れたりずれたりして起こる地震で、プレート間地震よりも地震の持つエネルギー自体は少ないのですが、震央が地表から浅いところになるため、地表での被害は甚大なものになります。以下の項目で、首都直下型地震に詳しくふれているのは、人口の密集地で起こるため、被害が甚大になることが確実視されているからです。

首都圏直下型地震の起こる可能性は？

166ページの図34に、首都圏で起きた直下型地震について、これまでのおもな地震の震央をあげておきました。

直下型地震はどこで起きるか特定できないし、つかまえどころがないため、その仕組みはいまだによくわかっていません。しかし、これまでの例から見て、相模トラフ型の大地震が起これば、それに引き続いて起こるか、あるいはその直前に、東京近辺で直下型地震が起こってもおかしくないといえます。

ここで、今の時点で首都圏に直下型地震が起こる可能性について述べておきましょう。首都圏および付近で起きた、中〜大地震の発生パターン（図35〔172ページに掲載〕）を見てみると、1986年に伊豆大島・三原山が大噴火しましたが、それ以降、仮に相模トラフ沿いの大地震が発生するとしたら、その発生前は、図34中の上半分にあたる首都圏の北側、三浦半島北部から東京にかけての地域で、M6以上の地震が発生しやすいだろうと木村名誉教授は指摘しています。また、ひとたび大地震が発生したあとは、下半分の方面も注意しないといけないだろうと注意を喚起しています。これまでの地震を見ていくと、大地震が発生したあと、多少、地震が起こる場所が入れ替わっているからです。

ただこのタイプの直下型地震は、深いところ、すなわち、太平洋プレートの上面か内部で発生するもので、ふつう、大災害にはつながらないと思われています。

直下型地震で特に注意しなければならないのは、押されている陸側のプレート内で発生する浅発地震です。太平洋側でプレート（太平洋プレートおよびフィリピン海プレート）が陸のプレート（北米プレートおよびユーラシアプレート）の下に沈み込んでいるため、日本列島には東―西方向、あるいは南東―北西方向に強い圧縮する力がかかっています。この海洋プレートの沈み込みとそれに伴う陸地の圧縮によりさまざ

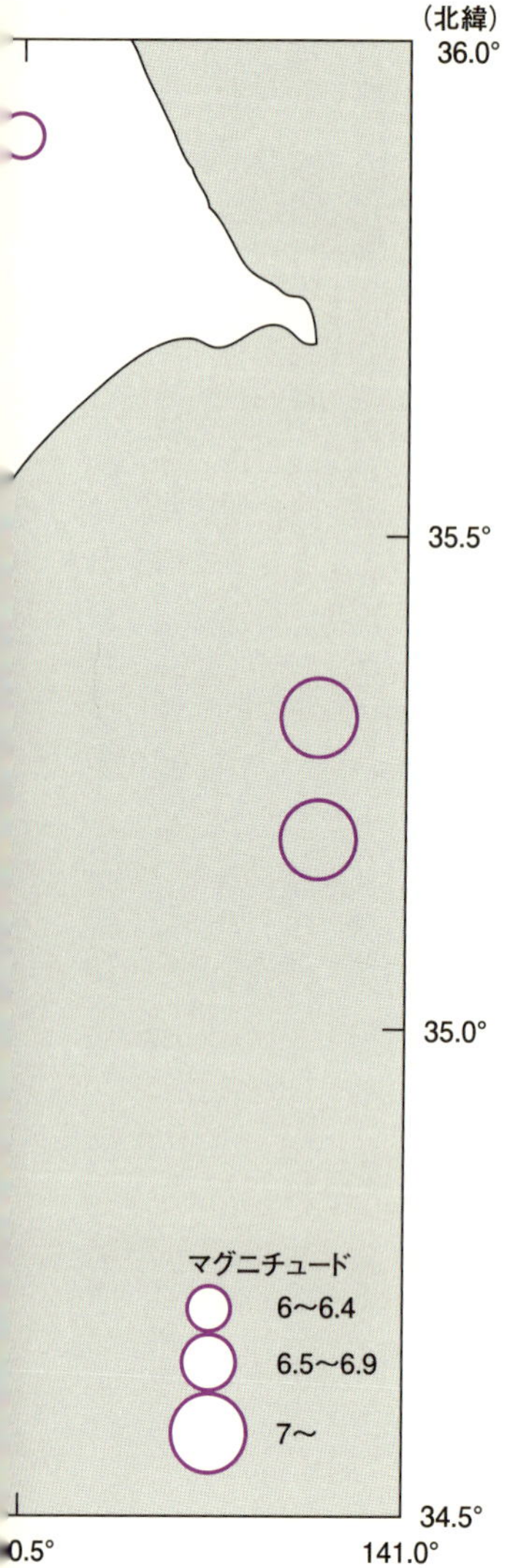

年　度　　月　日	おもな被害地震とその地域、名称など
818（弘仁9年）7月	関東諸国
878（元慶2年）11月1日	関東諸国、特に相模・武蔵
1257（正嘉元年）10月9日	関東南部
1433（永享5年）11月7日	相模
1615（元和元年）6月26日	江戸
1648（慶安元年）6月13日	相模・江戸
1649（慶安2年）7月30日	武蔵・下野・川越で大地震
1649（慶安2年）9月1日	川崎・江戸
1697（元禄10年）11月25日	相模・武蔵
1703（元禄16年）12月31日	「元禄地震」江戸・関東諸国
1706（宝永2年）10月21日	江戸
1782（天明2年）8月23日	相模・武蔵・甲斐、箱根・大山・富士山で山崩れ、小田原城破損
1812（文化9年）12月7日	武蔵・神奈川
1855（安政2年）11月11日	「安政江戸地震」江戸付近、特に下町に火災被害
1880（明治13年）2月22日	横浜。この地震を機として日本地震学会が生まれた
1884（明治17年）10月15日	東京付近
1892（明治25年）6月3日	東京
1894（明治27年）6月20日	東京・横浜、青森から中国・四国まで有感
1921（大正10年）12月8日	茨城県南部
1922（大正11年）4月26日	浦賀水道、東京湾沿岸
1923（大正12年）9月1日	「関東大震災」東京で観測した最大振幅14~20cm。地震後の火災と相まり死者・不明者14万4000余、家屋全・半壊25万4000余、焼失44万7000余。房総方面・神奈川南部は隆起し、東京付近以西・神奈川北方は沈下
1923（大正12年）9月1日	山梨県東部、「関東大震災」の余震
1924（大正13年）1月15日	丹沢山塊、東京・神奈川・山梨・静岡
1930（昭和5年）11月26日	「北伊豆地震」伊豆北部
1931（昭和6年）9月21日	「西埼玉地震」埼玉県西部
1956（昭和31年）9月30日	千葉県中部、千葉・東京
1978（昭和53年）1月14日	「1978年伊豆大島近海地震」死傷236、家屋全・半壊712
1980（昭和55年）6月29日	伊豆半島東方沖、伊豆半島・神奈川
1983（昭和58年）8月8日	神奈川・山梨県境、山梨・神奈川・東京・静岡

〈データ〉首都圏の地震発生のプロット。図中の数字は年度とマグニチュード（カッコ内）を示し、表は『理科年表1989年』による（●印は20世紀の首都圏の地震で、震源域の広い関東大地震は●を略した）

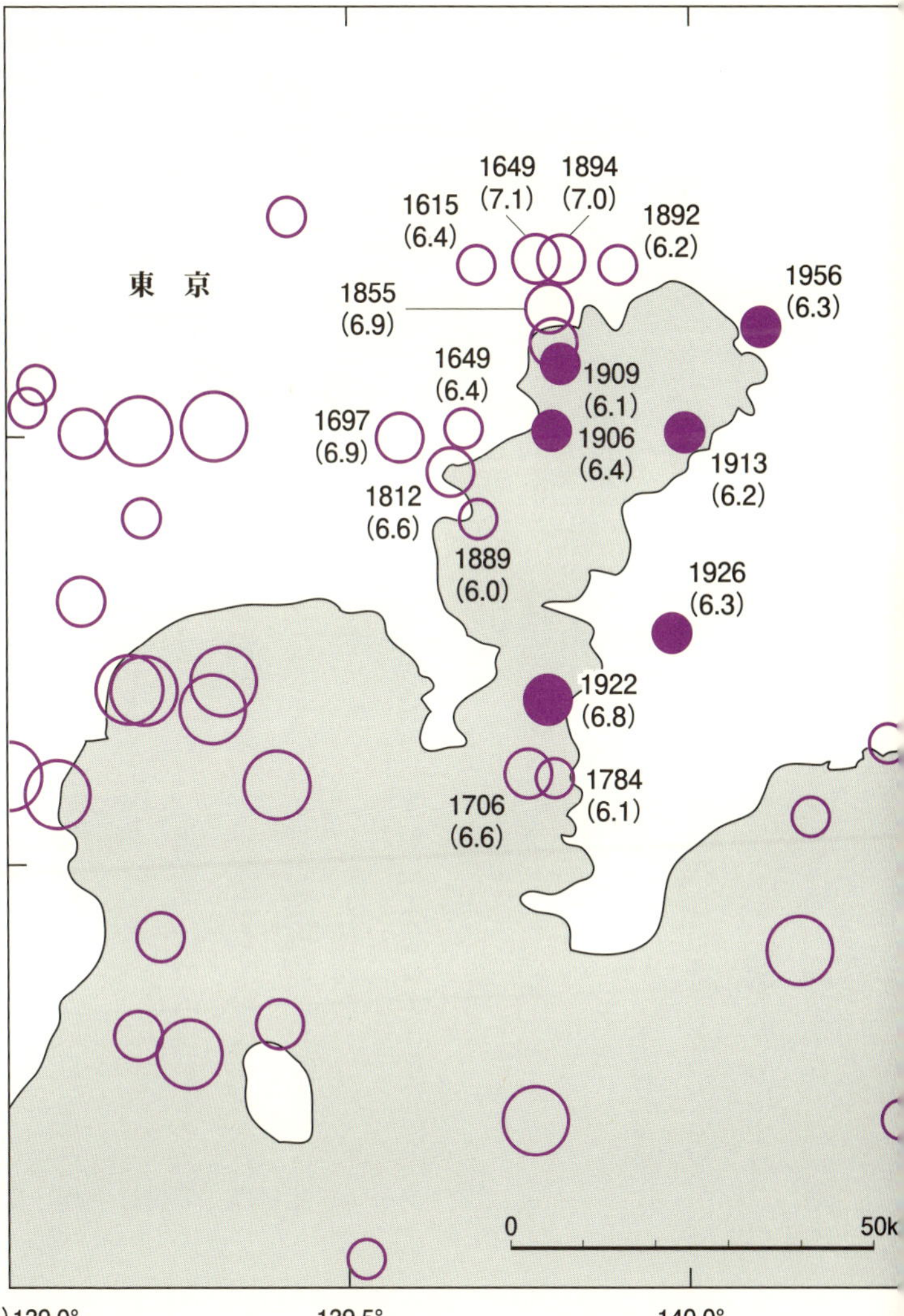

■図34　首都圏直下型地震の空白域を探す

●安政江戸地震が描かれた『安政大地震出火場所並火災図』（東京消防庁蔵）

まな内陸型地震が起こります。

しかし、このタイプの地震はめったに起こっていません。1855年11月11日（安政2年）に起きた安政江戸地震（M6・9）が、このタイプにあたります。これは、地殻の比較的浅いところで活断層が割れた例だと推定されています。それ以来今日まで、このタイプの地震は、首都圏では発生していません。

安政江戸地震の引きがねになるような、相模トラフで発生したトラフ型に入ると考えられる地震は、1853年の小田原付近の地震（M6・7）で、比較的規模の小さいものです。

なぜ、そうなったのでしょうか。木村名誉教授は「相模トラフ北端が割れる順番であったのだが、少ししか割れなかったために、境界からはずれたところで押されるプレートの内部が割れ、江戸地震の発生で歪みを解消したのではないか」と考えています。そのようにして、プレート境界に蓄積される歪みは解放されていきます。その意味では、これも広義の相模トラフ型地震といえるのかもしれません。

このあたりのことを少し時間を遡《さかのぼ》って見てみると、1854年にはM8・4の地震が南海トラフで発生しています。これを安政南海地震と呼んでいます。このとき、南海トラフから相模トラフがストレスを解放するはずでした。ところが相模トラフでは、小さな歪みの解放があっただけで、安政江戸地震となったのでしょう。

このようなプレート内地震は、ほかに例がなかったのでしょうか。木村名誉教授はそのいい例として、13世紀に起きた正嘉の大地震のケースを挙げています。正嘉の大地震は、1257年（正嘉元年）10月9日に起きており、M7〜7・5だろうと推定されています。この地震の前に、鎌倉を津波が襲った地震があります。1241年5月22日に発生した地震で、M7と推定されています。この地震は、1200年プラスマイナス50年ごろに起きた伊豆大島の巨大噴火と関連していると考えられている地震で、相模トラフ型だったと木村名誉教授は指摘しています。この地震も、相模トラフ型とすればやや小ぶりです。

この地震より16年後に房総半島で発生した正嘉の大地震は、直接・間接に大被害をもたらしています。この地震は、『立正安国論』*執筆の直接のきっかけとなったとされており、日蓮*は、同書の冒頭で次のようにふれています。

《旅客来たりて嘆いて曰《いわ》く、近年より近日に至るまで天変・地妖《ちよう》・飢饉疫癘《ききんえきれい》・遍《あまね》く天下に満ち、広く地上に迸《はびこ》る。牛馬巷《ちまた》にたおれ、骸骨路《がいこつみち》に充《み》てり。死を招くの輩《ともがら》、既《すで》に大半に越え、これを悲しまざるの輩《やから》、敢《あ》えて一人もなし。》

ところが、1923年に起きた関東大地震（M7・9、震源地は相模トラフ北部）では、直後の1924年に丹沢山塊でM7・3の地震、1930年に北伊豆地震（M7・3）が起き、相模トラフ周辺に大被害をもたらしています。

このように見てくると、首都圏内での浅発地震は、相模トラフの北部が割れ、しかもそこであまり大きな地震（M7・4以上）が発生しなかった場合に限って発生してきています。しかし、相模トラフ北部で大地震が発生すれば、フィリピン海プレート側近くの伊豆・丹沢方面は要注意ということになるでしょう。いずれにせよ、プレート境界型の地震が発生した前後は、注意が必要だということになります。こうした規則性が成立すれば、現在のところ、東京を含む地下深部でM6以上の地震が発生しや

＊**『立正安国論』／日蓮**
鎌倉仏教の祖師の1人である日蓮（1222－82）が、1260年に著した仏教書。全1巻。「安国論」ともいう。日蓮が当時打ち続いた天変地異と社会不安について思索した結果、正法（しょうぼう）である法華経（ほけきょう）に帰依することによって、国が安泰になるとの確信を深めて書かれたもの。

すいものの、深いところで発生するため、それほど被害は大きくないでしょう。

また、相模トラフ型地震が発生したとして、その後の直下型地震は、東京より南に発生しやすいでしょうが、深いところ（太平洋プレートの中）で発生する地震なので、大被害をもたらすとは考えにくいのです。

いずれにしても現在は、首都圏直下型地震の発生期に入っているとみていいので、次に、その規則性について見ておきましょう。

陸側のプレート内で発生する浅発地震には規則性があった

ここで16年前に起きた、首都圏直下型地震の典型的な例を見ておきましょう。

１９９２年2月2日午前4時、Ｍ５・７の地震が首都圏を襲いました。このとき東京は震度5でした。震源地は、浦賀水道の下90キロメートルのところとされました。この地震は、関東地方の下に潜り込んでいる太平洋プレートの上面付近で起こったものです。これは当時、大地震の前兆ではないかともいわれたもので、このとき木村名誉教授は、首都圏直下型地震の規則性について以下のようにまとめています。

①１６００年以降の例では、首都圏を襲ったＭ６以上の地震はまず例外なく、相

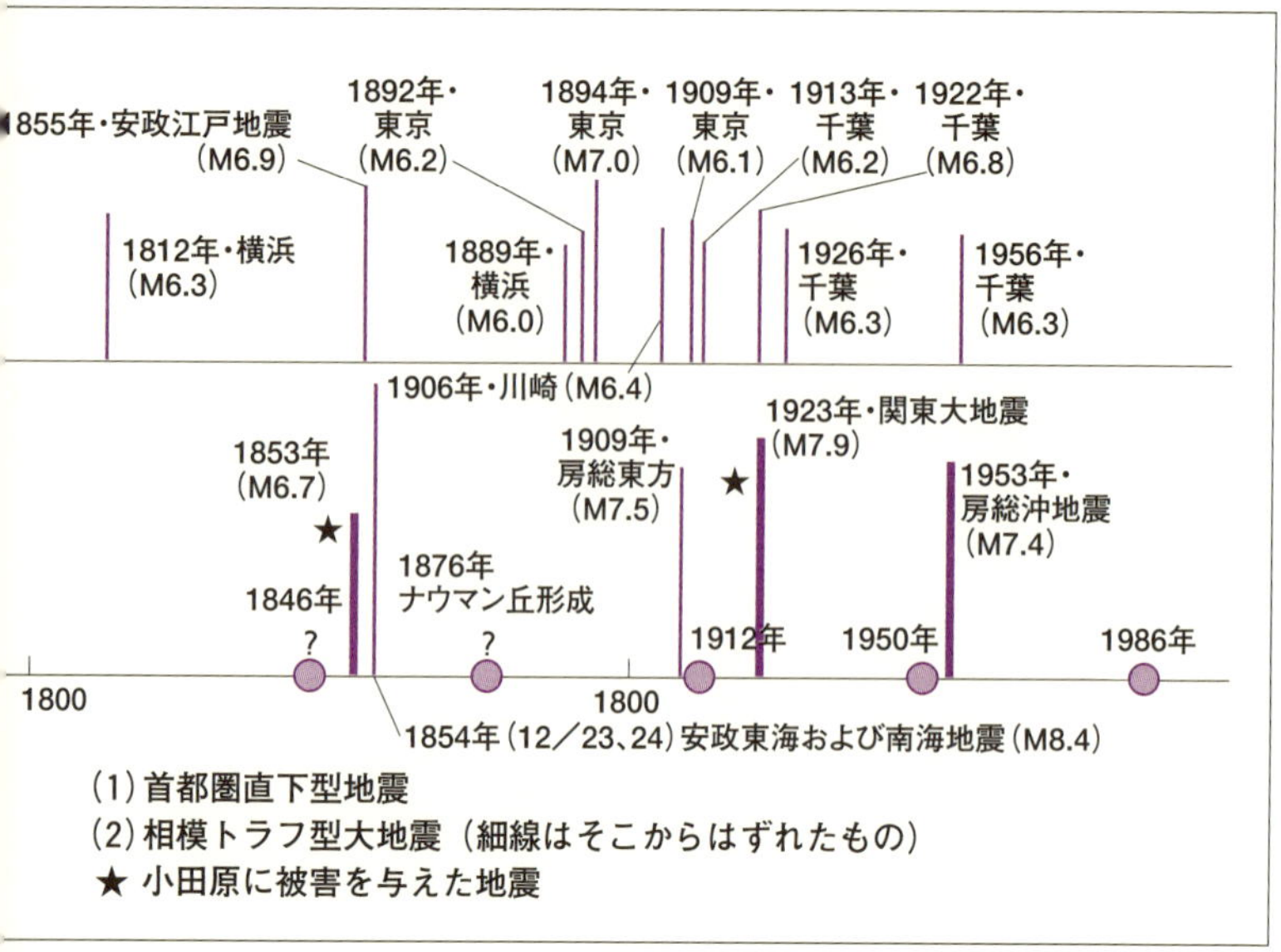

模トラフおよび付近の巨大地震の前後に集中して発生している。

②データのそろった今世紀の地震を例にあげると、相模トラフで発生した1923年の関東大地震（M7・9）、1953年の房総沖地震（M7・4）の2つの大地震の前後に、直下型地震が集中している。

③ところが南海トラフで発生した1944年、1946年の昭和東南海地震（M7・9）、昭和南海地震（M8・0）のときには、直下型地震は発生していない。また、日本海溝

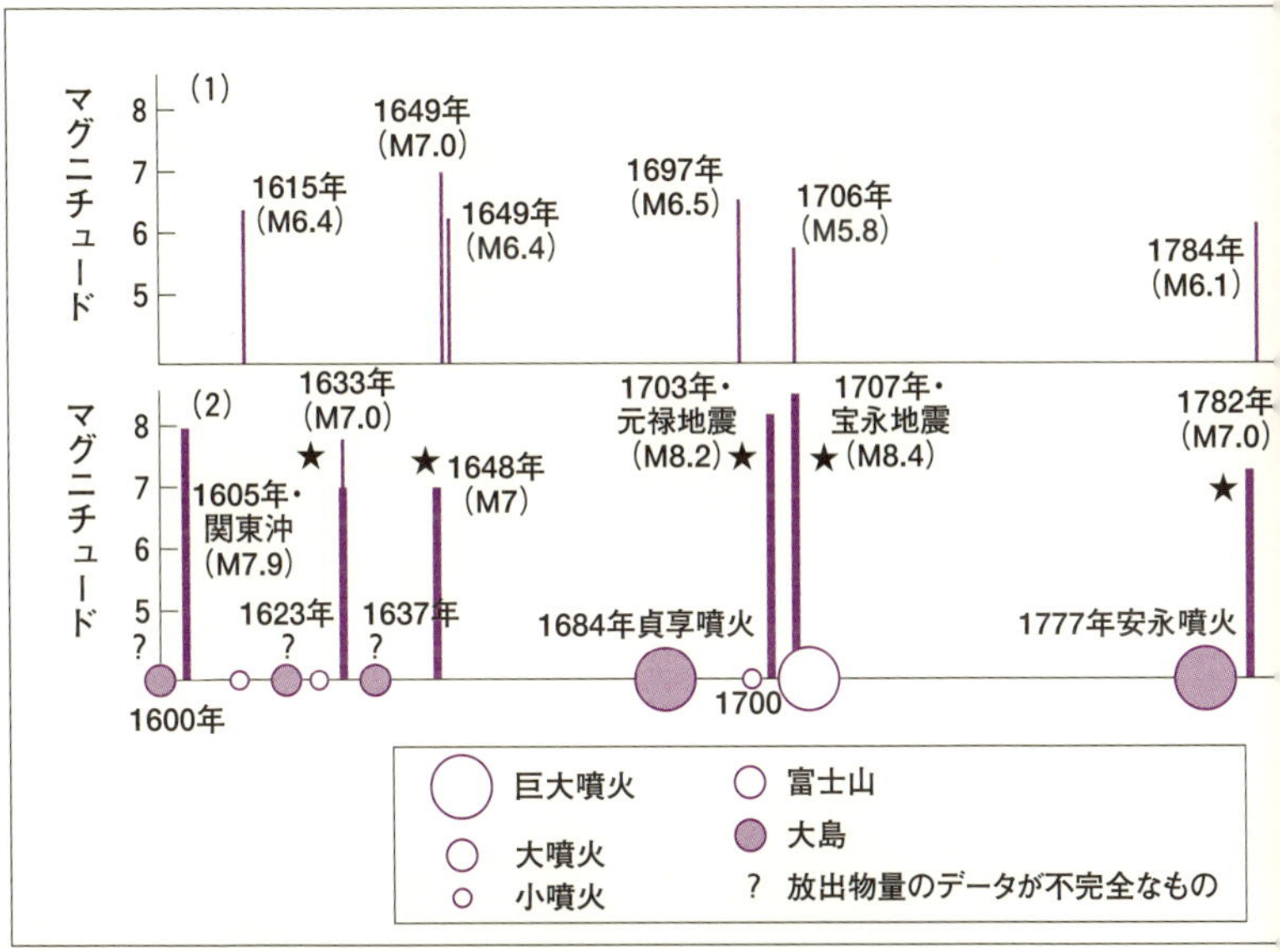

■図35　首都圏直下型地震と相模トラフ型大地震の相関性（監修者作成）

で発生した1933年の三陸地震津波（M8・1）や、1968年の十勝沖地震（7・9）のときも発生していない。1952年の根室沖地震（M8）は房総沖地震の発生時期と重なっているので、その影響についてははっきりしないが、おそらく、直接の影響はないと思われる。以上挙げた例から見て、首都圏および周辺のM6以上の地震発生は、少なくとも20世紀に入ってからは、相模トラフが動くときにのみ発生している——という傾向が見られる。

④さらに少し細かく見てみると、直下型地震の発生は、伊豆大島・三原山の大噴火が始まるころから見られる。

⑤相模トラフ型大地震の前後で、同じ首都圏でも、大局的に見て直下型地震の発生場所が、南と北に交互にシフトする傾向が見られる。

⑥そのずれ方（シフト）には規則性が見られる。たとえば関東大地震の前には首都圏南半部で直下型地震が発生し、関東大震災以降は北半部で発生している。次の房総沖地震の前には北半部で発生していて、起こったあとには、南半部で発生している。このように、直下型地震は交互に発生する性質を持っている。

地震のこのような規則性から見て、１９９２年2月に首都圏で起きた地震についてはどうでしょうか。

●１９８６年に三原山が大噴火しました。その前の１９８０年から首都圏ではM６以上の地震が発生し始めています。噴火のあとも、１９８７年にM６・７、１９８８年にM６・０の地震がありましたが、その後今日に至るまで、このクラスの地震は起きていません。

●M６・５以上の地震のデータを見る限り、顕著な〝地震の目〟は見当たりません。

ただし、成田に近い銚子付近にその芽とおぼしきものが出てきています。

●直下型地震の発生場所については、関東・房総両地震前後で見られた規則性が示すように、今回は首都圏北半部（東京湾を中心とした地域、銚子付近を含む）に発生しやすいのではないかと思われます。その意味ではこれからしばらく、北半部が気にかかってきます。この点については、内閣府（中央防災会議）や首都圏1都3県の被害想定地震が、この内陸直下型地震を対象に挙げています。

●1992年2月2日の地震は、首都圏南半部で発生しました。これは規模が小さく、今までの議論には入らないものですが、1980年以降、首都圏の南半部にも徐々に地震を発生させるエネルギーがたまっていたための現象と思われます。

首都圏の直下型地震は、伊豆大島・三原山や三宅島、あるいは浅間山などの噴火が目安となるのですが、1980年以降、直下型地震の発生期に入ってもおかしくないと思われます。これまで大きな被害がなかったのは、ほとんどが深度が深く、しかも太平洋プレートの上面付近で発生したためでしょう。今後発生する直下型地震も、このようなタイプが多くなると思われるのですが、万一、小さな規模の地震でも陸側のプレート内で発生すると、必然的に震源が浅くなるので、かなりの被害が予想されることになります。

近畿・中部圏に直下型地震が起こる可能性は?

中央防災会議の専門調査会は、２００７年11月1日に、大阪直下の上町断層で地震が発生した場合の被害想定を発表しました。

この場合、最悪のケースを考えるなら97万棟の家屋が全壊し、４万２０００人もの命が奪われる――というのです。犠牲者の８割が家屋などの下敷きになると想定され、阪神・淡路大震災（１９９５年）の教訓が、防災対策に結びついていない現状が浮き彫りになったということです。近畿圏、中部圏は上町断層圏以外にも山崎断層、京都西山断層など、多数の活断層が地下を走っています。

この被害想定をまとめた東南海、南海地震等に関する専門調査会の座長である土岐憲三・立命館大学教授は「近畿・中部圏の地震対策は、東南海、南海地震への備えだけでは不十分だ」と強調しています（『産経新聞』２００７年11月26日）。

紀伊半島沖から四国沖にかけての海域で起こる東南海～南海地震は、西日本の広域で被害を及ぼすことが指摘されていますが、震源から離れた大阪、神戸、京都の大都市圏では大きな被害は今まで想定されていませんでした。専門調査会では、「東南海・南海が同時発生した場合で大阪府の死者は50人、兵庫県で70人」と推計しています。

ところが、近畿・中部圏では都市部の直下にいくつもの活断層が存在しています。しかも、西日本は地震の活動期に入ったとされており、「次の東南海、南海地震に先立って内陸の地震活動が活発化し、規模の大きな地震が発生することは、過去の歴史が教える明白な事実」だと、同紙で土岐教授は指摘しています。

前回の昭和東南海地震（1944年）の前には、M7・2の鳥取地震（1943年）や北丹後地震（1927年、M7・3）が起きており、活動期の入り口にあたる1891年には、日本の内陸地震としては最大級の濃尾地震（M8・0）が発生しています。東京大学地震研究所の都司《つじ》嘉宣《よしのぶ》准教授の指摘によれば、活動期の最初に起こる大型の内陸地震から、おおむね40年後に東南海、南海地震が発生する傾向がある、としています。阪神・淡路大震災を現在の活動期の始まりと見れば、次の東南海、南海地震は2035年ごろに起きる可能性が高い、ということになります。近畿、中部圏ではそれまでに発生する大型の内陸型地震への警戒が必要となってきます。

活断層の地震については、政府の地震調査委員長が、長期的な発生確率などを公表しています。

上町断層帯の場合は、30年以内の地震発生確率が2～3％だとしています。これは、活断層地震としては確率が高いグループに入るのですが、東南海地震（60～70％）や

震度分布（死者1万人以上が想定される6つの地震を抜粋）

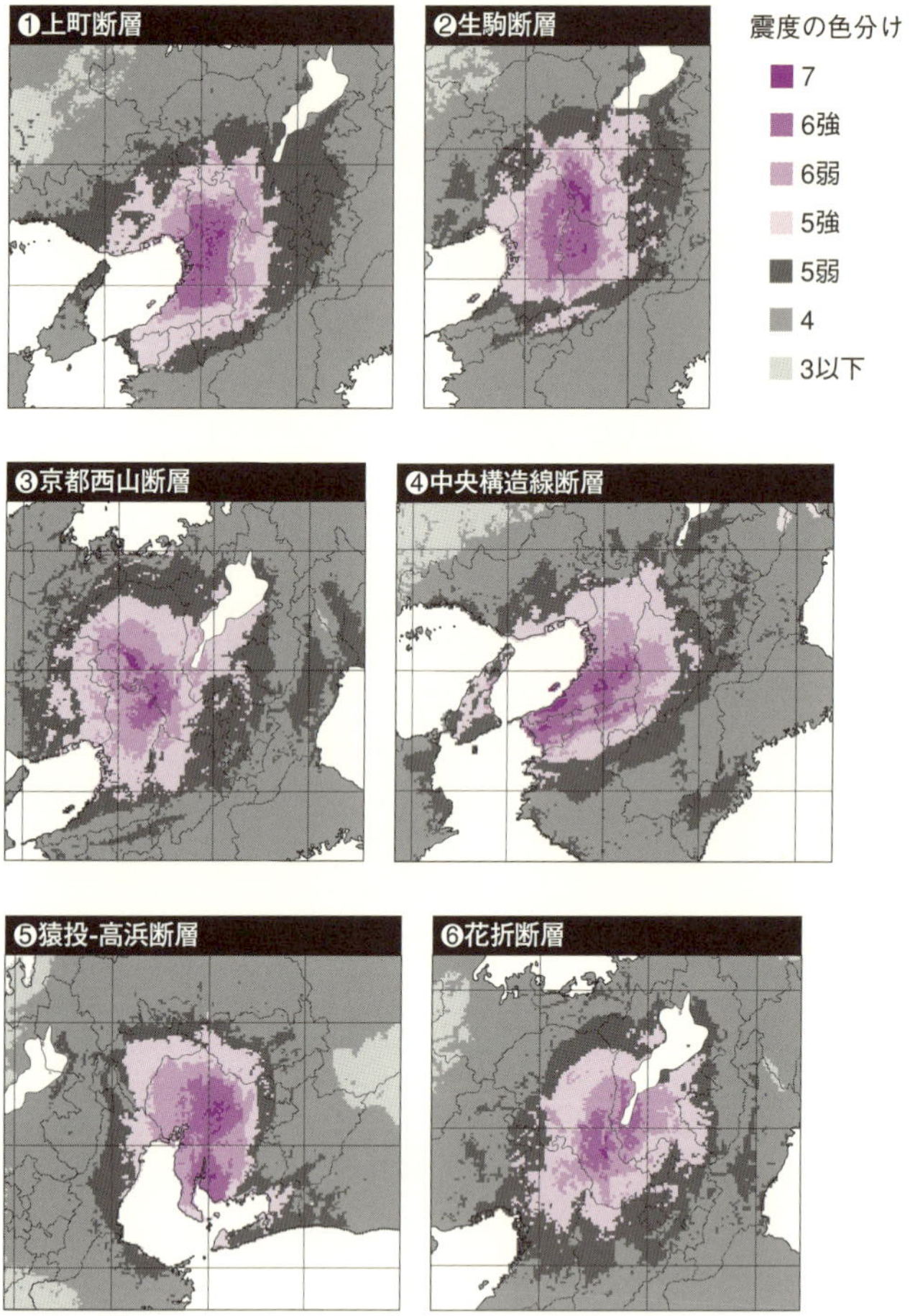

（中央防災会議の資料をもとに作成）

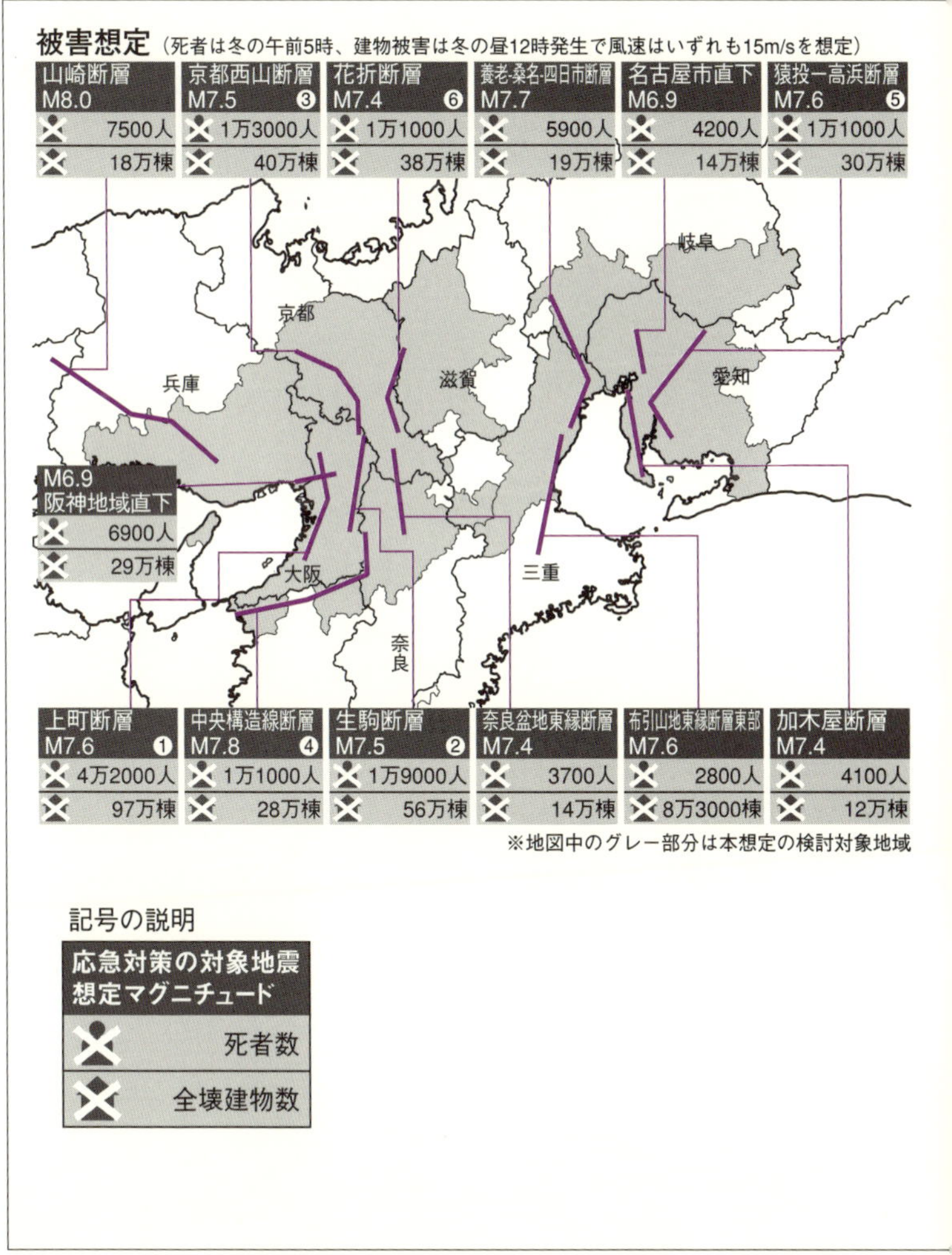

被害想定（死者は冬の午前5時、建物被害は冬の昼12時発生で風速はいずれも15m/sを想定）
山崎断層 M8.0 7500人 18万棟
京都西山断層 M7.5 ❸ 1万3000人 40万棟
花折断層 M7.4 ❻ 1万1000人 38万棟
養老-桑名-四日市断層 M7.7 5900人 19万棟
名古屋市直下 M6.9 4200人 14万棟
猿投－高浜断層 M7.6 ❺ 1万1000人 30万棟
M6.9 阪神地域直下 6900人 29万棟
京都
兵庫
滋賀
岐阜
愛知
大阪
三重
奈良
上町断層 M7.6 ❶ 4万2000人 97万棟
中央構造線断層 M7.8 ❹ 1万1000人 28万棟
生駒断層 M7.5 ❷ 1万9000人 56万棟
奈良盆地東縁断層 M7.4 3700人 14万棟
布引山地東縁断層東部 M7.6 2800人 8万3000棟
加木屋断層 M7.4 4100人 12万棟
※地図中のグレー部分は本想定の検討対象地域
記号の説明
応急対策の対象地震 想定マグニチュード
死者数
全壊建物数

■図36　近畿・中部圏の直下型地震を引き起こす断層とその被害想定

宮城県沖地震（99％）など海溝型地震と単純に比較してしまうと、「発生確率は極めて低い」という印象を受けてしまいがちです。

けれども上町断層帯の平均活動間隔は約8000年と推定されており、最後の活動からは9000年以上が経過しているとみられています。発生周期が長いために、短期間に区切った発生確率は低く算出されることになりますが、断層に蓄積されたエネルギーはいつ地震を起こしてもおかしくない状態がずっと続いているのです。

実際、阪神・淡路大震災の震源となった野島断層は、30年以内の発生確率が0・02〜8％とされた段階でずれました。発生確率が100％に近づかなければ地震が起きないと思い込むのはたいへんな間違いです。

しかも、大阪、京都、名古屋の大都市圏はそれぞれ、複数の活断層に囲まれており、どの断層が動いても、死者数千人を超える大災害になる可能性が高いのです。

阪神大震災の最大の教訓だった住宅の耐震化が、この12年間でほとんど進んでいない現実が、近い将来に大きな危険と不安の影を落としてもいます。土岐教授は「国や自治体まかせでなく、1人ひとりが自分のこととして地震対策を考えなければ、耐震化は進まない。被害想定を、そのきっかけにしてほしい」と話しています。

第5章

最近起きた地震からわかること

5-1

日本列島の「歪《ひず》み集中帯」と「活褶曲帯《かっしゅうきょくたい》」の存在

「歪み集中帯」が日本を縦断している?

地球の表面近くには、2つの種類の地殻、「大陸地殻」と「海洋地殻」と呼ばれる層があります。「歪《ひず》み集中帯」とは、この地殻に力が加わって、歪みが集まっているところのことをいいます。力に耐えきれなくなって地殻が壊れると、地震が起きます。この歪み集中帯には、「新潟―神戸歪み集中帯」と「日本海東縁部歪み集中帯」の2つが知られています。

また、この2つの歪み集中帯は、同じ1本の歪み集中帯ではないかという説もあります(『朝日新聞』2007年7月26日付)。新潟県中越沖地震で損壊した柏崎刈羽原子力発電所は両方の歪み集中帯の重なり合う中にあって、歪み集中帯の存在がはっきりする前に建設されていました。

この歪み集中帯の存在が明らかになったのは、阪神・淡路大震災から5年たった2

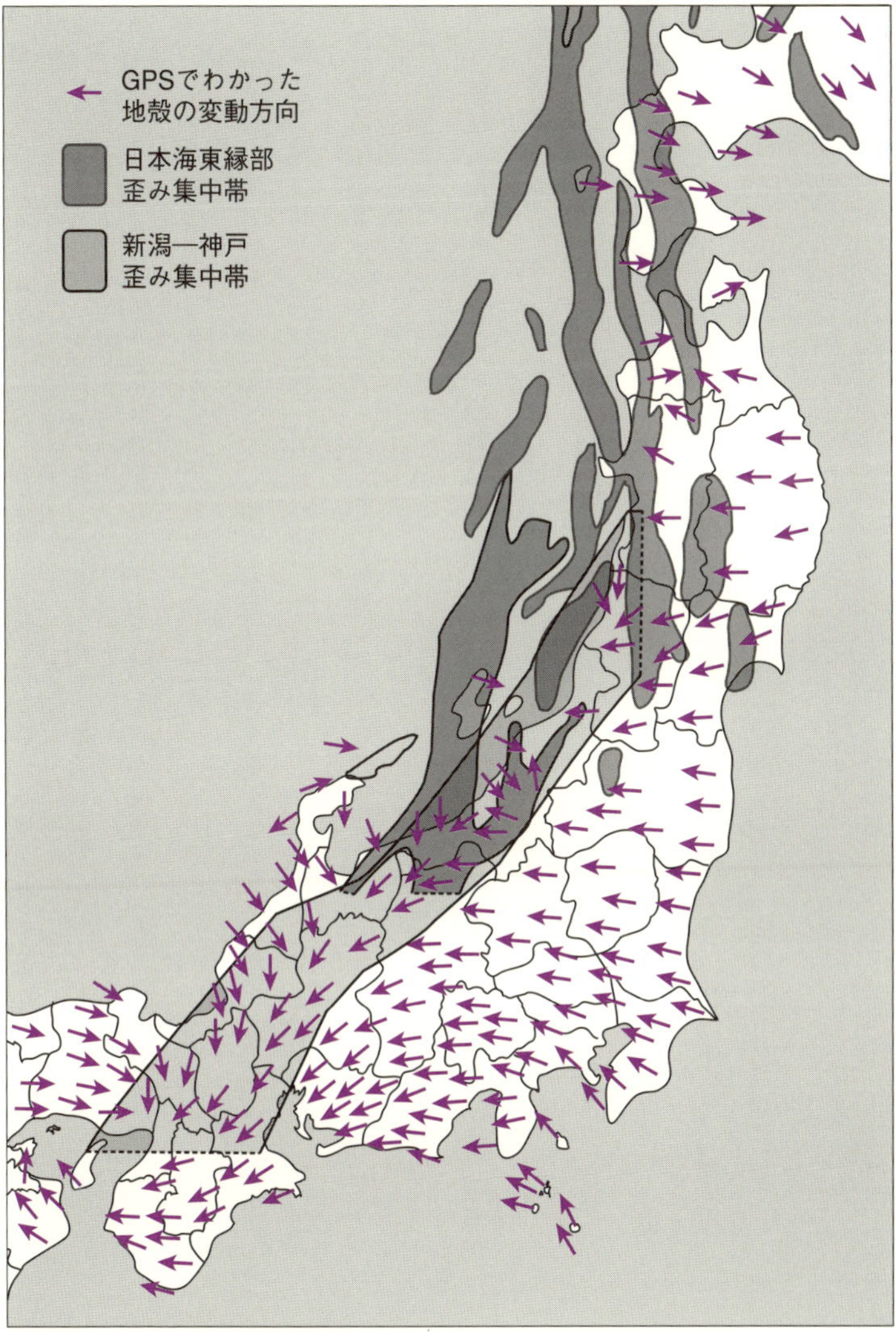

■図37　日本の歪み集中帯（国土地理院のデータなどをもとに作成）

000年になってからでした。新潟から神戸にかけて、歪み集中帯があるのではないかという論文が出て、専門家の関心を集めたことがきっかけです。さらに、新潟県沖から北海道の西側にかけての海底にも同じような歪み集中帯（日本海東縁部歪み集中帯）があることも、知られるようになったのです。

この歪み集中帯は、どのように調べた結果、あるのがわかったのでしょうか。

新潟―神戸間については、国土地理院が全国約1200ヵ所に約20キロメートルごとに設けた基準点の動きを、人工衛星を使った全地球測位システム（GPS）で測り、歪みが集まっていることがわかりました。その一方、日本海東縁部にあたる部分は、人工衛星の電波が届かない海底にあるため、おもに海上から音波を使って（音波探査により）、海底の地形を詳しく調べることで、地形の凹凸がわかっていました。

すでに述べたように、日本列島の東側には太平洋プレートが押し寄せてきており、日本列島の下に、正確にいえば北米プレートとユーラシアプレートの下に潜り込んでいます。その太平洋プレートの圧力で、日本列島は東西方向に年4～5センチほど縮んでいます。その縮みの半分ほどが、新潟―神戸歪み集中帯の地殻内で吸収されていることがわかったのです。新潟―神戸間は周囲に比べて地殻が軟らかいため、ゆがみやすいと考えられていました。

日本海東縁部には、日本列島がユーラシア大陸から離れて日本海ができたときに生じた断層があります。その断層が逆に、ユーラシアプレートなどにより大陸から押されて歪み集中帯が生まれたと考えられています。

1983年の日本海中部地震、1993年の北海道南西沖地震、2004年の新潟県中越地震など一連の地震も、歪み集中帯の中で起こった地震です。ただ、歪み集中帯は最近、巨大地震を繰り返す「地震の巣」として注目され始めたばかりです。「新潟—神戸ひずみ集中帯」と「日本海東縁部歪み集中帯」が1つにつながったものかどうかも、今後の研究で明らかになってくるでしょう。

地震分布は「歪み集中帯」とあまり一致してない？

ところが、新潟県中越沖地震や阪神・淡路大震災との関連が指摘されている歪み集中帯について、新たな事実が判明しました。というのは、最近100年間の地震発生分布と、歪み集中帯を比べてみるとあまり一致していないことが、東京大学地震研究所*の島崎邦彦教授（地震学）らの調査でわかりました（『読売新聞』2007年12月29日付）。この歪み集中帯は「新潟—神戸歪み集中帯」と一般に考えられているのですが、研究チームは、まったく別の分布を考えるべきではないかと指摘しています。

＊東京大学地震研究所
1925（大正14）年11月13日に創立。1997年4月にはこれまでのポセイドン計画（別項参照）の地震ネットワークを発展的に継承した海半球観測研究センターが設立された。ほか地球流動破壊部門、地震予知研究センター、地震予知情報センター、火山噴火予知研究推進センターなど多くの組織を抱える日本最大の地震に関する研究所。

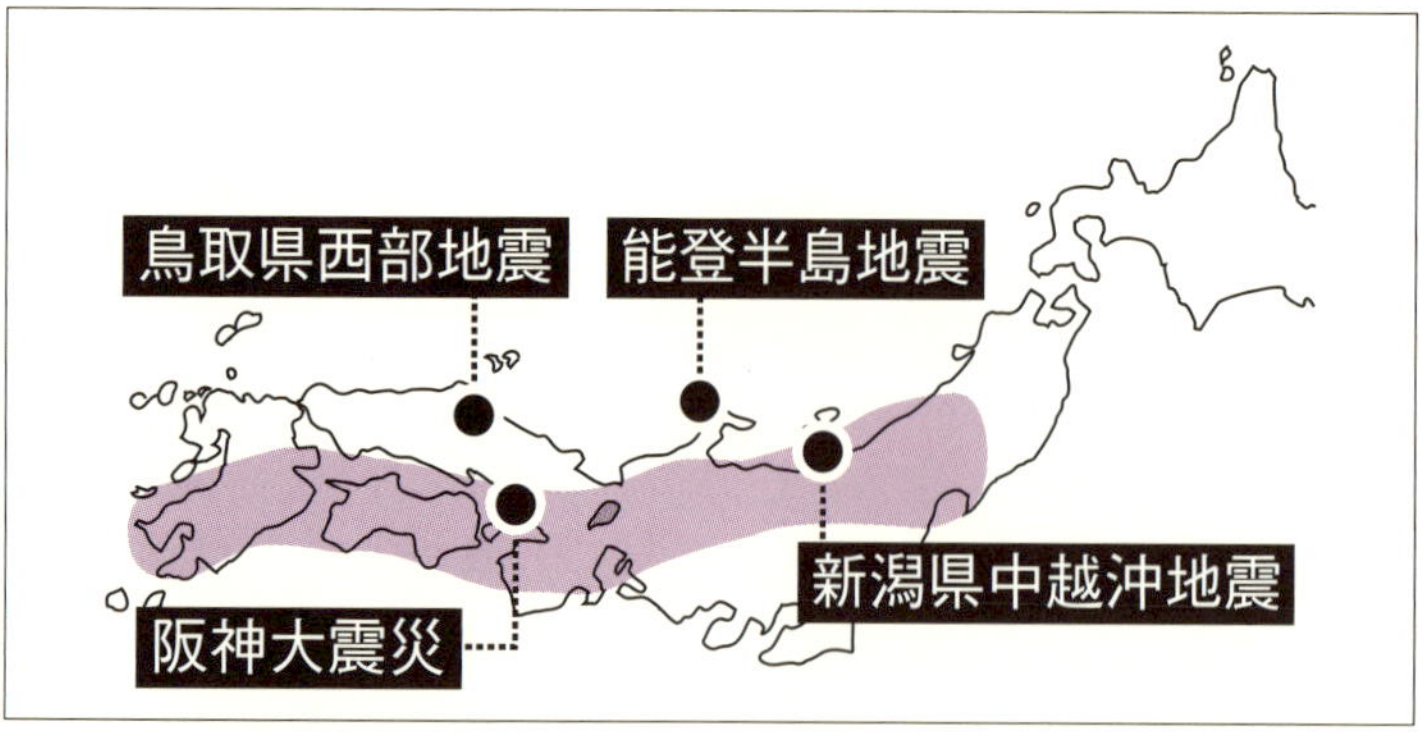

■図38　地震分布と一致しない歪み集中帯!?（東京大学地震研究所・島崎教授調べ）

島崎教授らの研究チームは、古文書などのデータが残っている1596年以降に起きたM6・8以上の内陸型地震52件の震央について、年代を5つに区切って分類しました。全地球測位システム（GPS）データから、歪み集中帯は新潟から神戸を通り、南九州まで続くと見て、その位置と重ね合わせて、どの程度一致するかを統計的に計算しました。

その結果、1896〜2007年に起きた20件の地震のうち、半数以上が能登半島地震のように歪み集中帯からはずれた発生をしていました。ところが逆に、1729〜1914年に起きた20件の地震は、ほぼ歪み集中帯の中で起きていました。

島崎教授らの研究チームは、現在内陸で大きな地震を起こす「見えない」歪みは、プレートの沈み込み運動でたまったもので、従来の集中帯とは違う分布をしていると結論を下しました。GPSで観測されている「見える」歪みは、1729〜1914年の地震で地下深部が動いて誕生したと考えているのです。

これに対して名古屋大の鷺谷《さぎや》威《たけし》准教授は、「歪み変化は数百年で起きる。100年より長期間で評価するべきだ」と主張しています。

いずれにしても、これらも今後の研究で明らかになっていくでしょう。

阪神・淡路大震災を予知していた〝木村メソッド〟

阪神・淡路大震災（兵庫県南部地震）は、1995年1月17日早朝、午前5時46分に発生しました。震央は兵庫県・淡路島で、活断層（野島断層）のずれによる内陸直下型地震とみられ、震源の深さは16キロメートルで、M7・3と推定されています。野島断層が動いて阪神・淡路大震災を起こしたときの地震発生の確率は、最大で8％だと推定されていました。この地震で日本での地震観測史上初めて、神戸市須磨区、長田区、兵庫区、中央区、芦屋市などで震度7が観測されました。

火山活動のP2段階（大噴火）と思われる噴火のあとに、大地震がきていることは、第4章でも取り上げています。噴火後、早い時期に起きる大地震は火山から遠い場所で発生し、噴火から長時間が経過して起こる大地震は、火山から近い場所を震源としています。

ところがプレート内で起こる地震と、海溝型巨大地震が起こるメカニズムには、もう1つ別の規則性がありました。

房総沖地震（海溝型地震）の場合、伊豆大島・三原山の大噴火（1950年）から3年後、三原山から230キロメートルの距離にある房総沖で地震が起きました。けれども、同じように遠く離れていても、雲仙・普賢岳の場合、大噴火（1991年）から4年後、490キロ離れているところで阪神・淡路大震災が起きています。この2つのケースは、たった1年の違いなのに、実際に距離は倍以上離れています。

前述したように、木村名誉教授はデータを詳しく調べ、2005年に〝時空ダイヤグラム〟の「内陸型曲線」を完成させました。地震がプレート境界上の地震であるか、プレート内部の地震であるかの違いによって、距離と時間がずれてくることです。プレート内地震は、プレート間地震より、噴火後に遅れてやってくることがわかったのです。

これこそが、海溝型地震（房総沖地震）と、内陸型地震（プレート内→阪神・淡路大震災）との差なのです。143ページのダイヤグラムには、それゆえ、内陸型曲線と、プレート境界型曲線の2つが書き込まれています。つまり、震央から同じ距離にある

木村名誉教授が、地震発生前に指摘していた空白域

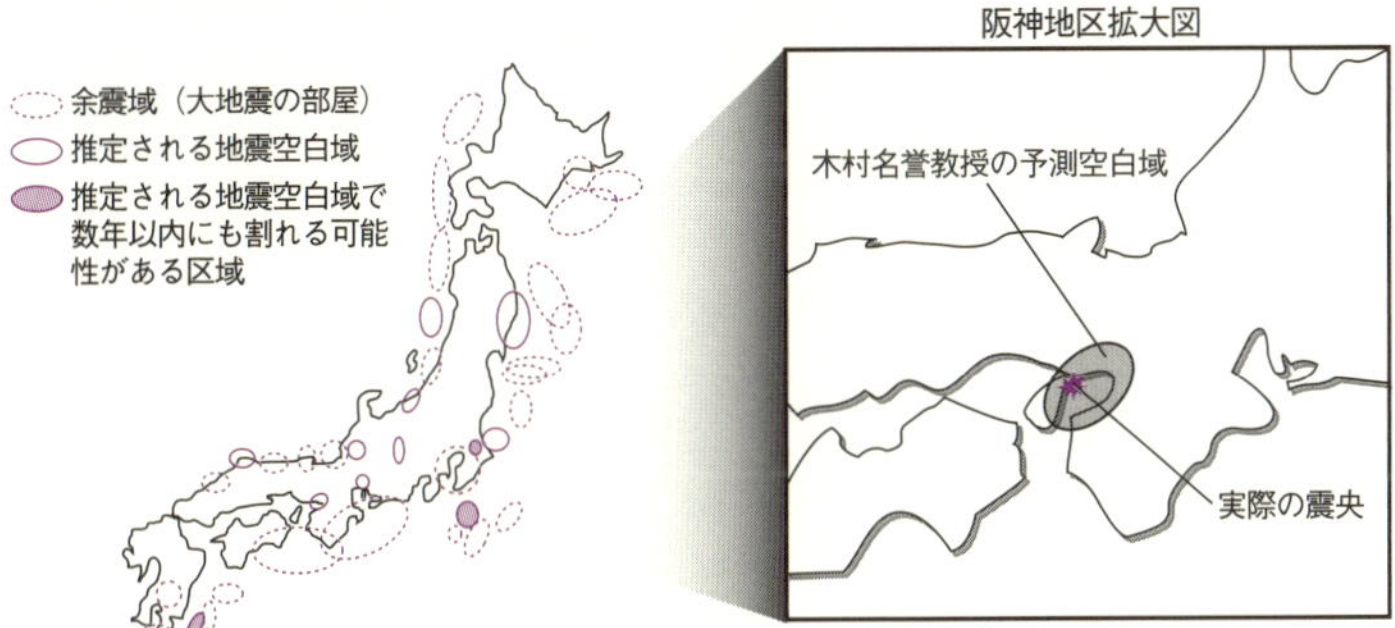

震央は予測空白域内に現れた

雲仙・普賢岳と阪神・淡路大震災の関係

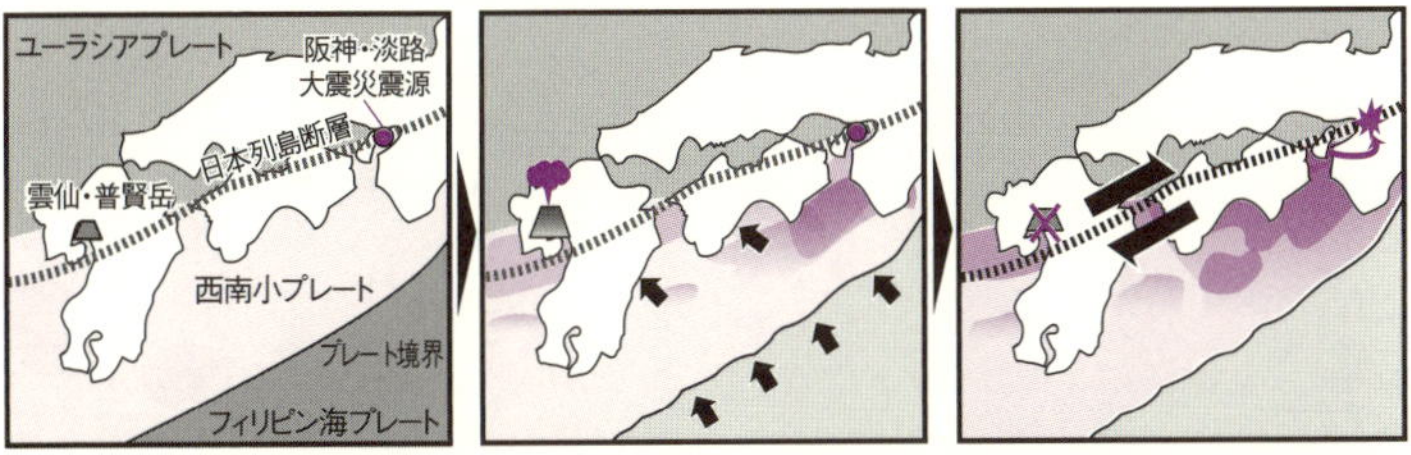

雲仙・普賢岳と阪神・淡路大震災の震源地は、日本列島断層でつながっていたと考えられる

フィリピン海プレートが西南小プレートの下に潜り込み、小プレートが西方へ移動しようとする。その影響で、雲仙・普賢岳の下に歪みが生じて噴火した

それでも西南小プレート全体の歪みは解消されず、阪神地方で地震が起きた。地震によって歪みは解消。その証拠に雲仙・普賢岳の噴火活動は、大震災後に収まった

■図39　火山噴火と地震の発生における規則性からの予知と的中

●阪神・淡路大震災――阪神高速神戸線高の道路橋脚が折れ、横倒しとなる強い揺れを示したが、この地震は77ページに見る雲仙・普賢岳の噴火との時空ダイヤグラムの関連下にあった

火山が、海溝型では早く噴火することを意味しています。

木村名誉教授は、阪神・淡路大震災の前年、1994年に発刊した『これから起こること』（青春出版社刊）のなかで、「日本の地震空白域マップ」を発表しています。その日本地図の中で阪神地方が丸で囲まれ、緊急に地震が発生するおそれがあると指摘していました（従来のプレート境界型〝時空ダイヤグラム〟で予想）。また同年2月、京都大学防災研究所*で開かれた講演会で「関西付近が活動的である。（当時、北海道や東北などで大地震が連続して発生していたが）北ばかりに目を向けていると、見落とすところが出てくる」と警告していました。そのとき阪神地域は、その周辺で地震が起きるという第2種空白域のドーナツ・アイ現象を起こしていたからです。しかも、地震の目〝サイスミック・アイ〟も観測されていました。

プレートどうしのぶつかり合いによって生じた歪みは、雲仙・普賢岳を噴火させ、さらに蓄積されたエネルギーを地震というかたちで、放出しなければならず、それが阪神地方だったのです。確かにこの地震によって歪みは解消され、雲仙・普賢岳の噴火活動はその直後に収まっています。

新潟県中越地震を特徴づける3つの断層の重なり

***京都大学防災研究所**
大まかにいえば、以下の4つのグループを抱えた、総合的な防災研究所。グループは、総合防災研究グループ、大気・水研究グループ、地盤研究グループ、地震・火山研究グループの4つに分かれている。現在は、岩手・宮城内陸地震についての観測・調査等を実施している。

2004年10月23日17時56分、新潟県の中越地方を中心に、最大震度7（阪神・淡路大震災に続いて史上2度目）の激震を起こした新潟県中越地震は、その後わずか2時間の間に震度5以上の余震が11回も観測されました。そして、その3年後の2007年7月16日、今度は新潟県中越沖を震源とする新潟県中越沖地震が再び、新潟県中越地方を襲いました。ほぼ同じ地域が3年もたたないうちに、これほど大きな揺れに見舞われたのですが、これには何か、特別な理由でもあったのでしょうか？

新潟県中越地震の特徴として、地震の規模の大きさを表すマグニチュードの値が、本震でM6・8と、それほど極端に大きい巨大地震ではなかったにもかかわらず、規模の比較的大きい余震が相次ぎました。

確かに、2003年7月26日に起きた宮城県北部の地震でも、17時間ほどの間に震度6以上の余震が3回記録されています。ところがよく調べてみると、新潟県中越地震の場合は、2時間足らずの間に震度6弱以上の余震が4回、震度5弱以上の余震が11回も観測されています。

地震が発生したあとで詳しい調査が行われ、その結果、この新潟県中越地震を引き起こした断層が、実は1つだけではないことがわかりました。余震の分布を改めて分析したところ、3つの断層が連動している可能性が出てきたのです。本震を引き起こした断層面は、北北東から南南西の方向に走っていて、南南西に向かって深くなっていくように傾いていました。このように断層面が〝立っている〟断層のことを、専門用語では〝高角な断層〟と呼んでいます。この断層の深さ約13メートル地点で、東西方向から圧縮される力に耐えきれなくなって断層面が破壊され、その結果、M6・8、震度7の地震が発生したのです。

そして本震からわずか7分後、M6・3、震度5強の余震が、本震の震源から十数キロメートル離れた、深さ約9キロ地点で発生しました。この余震は、本震とは異なる断層で発生していたことがのちにわかりました。本震の断層の東側に、平行して走っている別の断層で、2つの断層は5キロメートルほど離れていました。

続いてその15分後、再び本震と同じ断層でM6・0、震度6強の余震が発生していきます。さらに6時34分には、余震のなかでも最大の規模となるM6・5の地震が、平行して走る断層で発生しました。

本震から4日後の27日午前10時40分には、それまでの余震域からやや東にはなれたところで、M6・1、震度6弱の地震が発生しました。これが余震を起こした3つ目の断層です。

大地に力を加えたとき、力の方向に対して斜めに断層ができます。このとき、できた断層と垂直に交わる断層が、セットで発生することがあります。このような断層を「共役断層」と呼んでいますが、3つ目の断層は、典型的な共役断層でした。新潟県中越地震で余震が多かったのは、双子のように平行に走る2つの断層と、あたかも兄弟のような、垂直に交わる断層が、短期間の内に活動したためではないかといわれています。

中越地方には、世界有数の「活褶曲」があった

なぜこの地域には、活発な断層が多いのでしょうか。それはこの地方一帯が、世界有数の「活《かっ》褶《しゅう》曲《きょく》地帯」であることに起因しているようです。

褶曲というのは、トタン板のように地層が波うっている状態をいいます。海の底などで、堆積物がたまってできた水平な地層に、水平方向から圧縮しようとする力が加わることによってできます。活褶曲というのは、現在でもそのような地層構造が発達しつつある褶曲のことをいいます。この活褶曲の直下には、活発な断層ができやすいのです。

ただ、3つの断層があるというだけでは、余震が多発したことを説明しきれません。これら多くの断層が活褶曲の中にあったため、ということで、説明がつくのではない

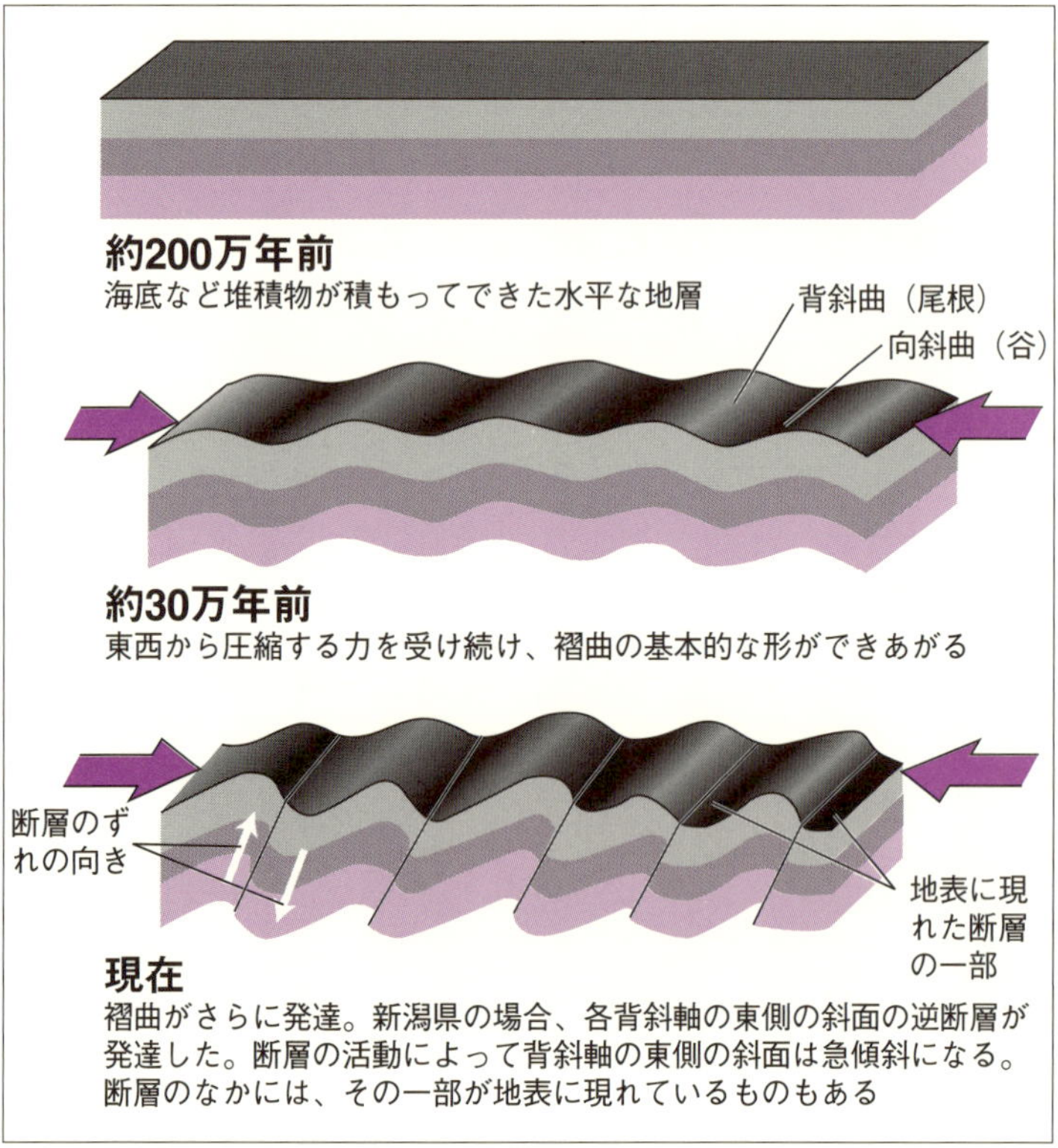
約200万年前
海底など堆積物が積もってできた水平な地層
背斜曲（尾根）
向斜曲（谷）
約30万年前
東西から圧縮する力を受け続け、褶曲の基本的な形ができあがる
断層のずれの向き
地表に現れた断層の一部
現在
褶曲がさらに発達。新潟県の場合、各背斜軸の東側の斜面の逆断層が発達した。断層の活動によって背斜軸の東側の斜面は急傾斜になる。断層のなかには、その一部が地表に現れているものもある

■図40　活褶曲と断層の生成経緯

かとされているのです。

この活褶曲では、地層が複雑に入り組んでいます。そこでは、地層が波うつことによって、丈夫な岩盤が上に行ったり下に行ったりして動き、均一ではなくなっています。このように〝もまれた〟地層の中を断層が走っているため、同じ断層の中でも、強い部分と弱い部分ができてきます。そのため断層面の中でも強く固着して地震のエネルギーをため込んでいるところ（アスペリティ〔97ページ参照〕）が多くできます。本震をきっかけに、それらのアスペリティが次々と壊れたことにより、規模の比較的大きい余震が多発したのでしょう。

新潟県中越沖地震では、東京電力柏崎刈羽原子力発電所付近から柏崎市内までの地盤が、幅2キロメートル、長さ約10キロメートルにわたって10センチほど隆起していたことが、東洋大学・名古屋大学・広島工業大学グループの解析でわかりました。活断層に押されて地盤が曲がる、活褶曲が動いたと見られています。同原発が、地震のたびに隆起する活褶曲の上にある、という指摘は、1号機建設前から地元の研究者が危ぶんでいたそうです。

また、隆起が判明した地域の東縁にあたる活断層「真殿坂断層」や、地震を引き起こした活断層などのずれによって、活褶曲が動いて地面が持ち上がったとも見られています。

中越沖地震では、海底の逆断層が動いた

地震には大きく分けて2つある、と第3章ほかで述べました。1つはプレートとプレートの境界で起きる「プレート間（境界型）巨大地震」で、もう1つが新潟県中越地震や新潟県中越沖地震のような「プレート内地震」です。この中越沖地震は、プレートの内部で、活断層が動くことで起きました。断層とは、地層や岩石のずれのことで、活断層とは、過去数十万年の間に繰り返し動いている断層のことを指します。この中越沖地震は、海底の逆断層が、北西―南東方向に押されて動いたことが原因だとされています。

この地震については、断層の傾きをめぐって、専門家の間でも見解が二転三転していました。ところが、発生から約半年たって、ようやく正体がはっきりしてきたようです。

東京大学は、地震後に設置した海底地震計の余震記録を分析しました。産業技術総合研究所*は船で海底の地下の構造を調べ、震源域の西隣の海底下に、たわんだ地質構造を見つけています。そしていずれの断層も、おもに陸に向かって南東に傾斜してい

＊産業技術総合研究所
2001年春、創立。2006年4月、非公務員型独立行政法人へと移行。日本の産業技術水準を向上させることによって社会の発展に寄与していくことが同研究所の目的。これまでの成果として地震関連では「首都圏における長周期地震の可能性」「地層の中に巨大津波の証拠」「地震の連鎖機構の解明」などが挙げられている。

ることがわかりました。

南東傾斜の断層の延長線上にある海底では、東京電力が過去に断層を見つけており、産業技術総合研究所活断層研究センターは、「この断層が動いて、中越沖地震が起きた可能性が高い。東電が、海底の地質構造から断層の傾斜を推定していれば、中越沖地震と同規模の地震を予測できたはずだ」と主張しているとのことです（『読売新聞』２００８年1月11日付）。

活断層のある場所は、ふつう、地表の変化から判断できます。断層が地表まで到達している場合は、地表には明らかに〝ずれ〟が見られます。仮にそのような明らかなずれが認められなくても、地下で地層が大きく曲げられている場所（撓曲《とうきょく》）では、その下に活断層がある可能性は高いのです。

ただ活断層であっても、河川によって砂や泥が運ばれて、その堆積物がずれを覆っている場合は、なかなか見つからないことが多いようです。このような断層

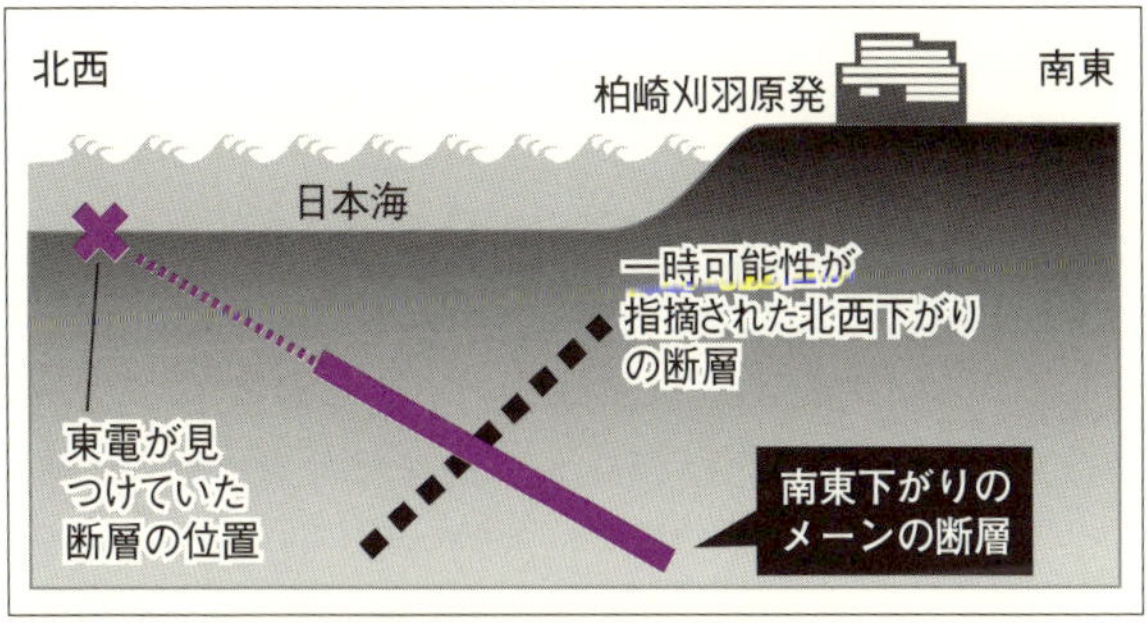

■図41　新潟県中越沖地震の断層の概念（資料『読売新聞』）

は「伏在断層」と呼ばれています。

断層は、プレートの中のいわば〝古傷〟で、プレートに力が加わるとき、新たな断層ができる可能性は低く、古傷＝活断層の中で動きやすいものが、繰り返し動くケースが多い、と東京大学地震研究所の島崎邦彦教授は述べています。

新潟県中越沖地震も中越地震もともに、活断層が多く存在する「日本海東縁部歪み集中帯」で起きています。ここでは過去、大きな地震がたびたび発生しています。1964年の新潟地震、1983年の日本海中部地震、1993年の北海道南西沖地震はいずれも、M7・5以上の大きな地震でした。

日本海東縁部歪み集中帯に活断層が集中しているのは、以下のような理由によります。今からおよそ2000万年～1500万年前に、ユーラシア大陸から日本列島が離れて日本海が開いたときに、引っ張られる力が加わって正断層が多くできました。正断層は、一方の地層がもう一方の地層からずり落ちるようにずれる断層です（69ページ参照）。

そして、約300万年前からは逆に東西に圧縮するような力がかかるようになり、正断層のところが押されて、逆断層がつくられるようになったのです。

5-2 宮城県沖地震、スマトラ島沖巨大地震から見る超巨大地震・津波の可能性

宮城県沖地震では「アスペリティ」で場所と規模を予測

政府の地震調査委員会が「30年以内に99％の確率で発生する」とされる宮城県沖地震については、第3章（96ページ）で紹介したアスペリティという考え方を用いると、詳しい発生の仕組みが見えてきます。

２００８年1月11日、岩手県釜石市沖を震源とするＭ４・９の地震が起きました。地震の規模は小さいですが、東北大学地震・噴火予知研究観測センターは、震源の場所や地震の規模を推定し、的中させました。「予測どおりだ」という結果になったのです。２００９年2月までに99％の確率で地震が起きるとみていた発生時期も当たっていました。

予測の土台とされたのは、アスペリティを用いてプレート境界のようすを示したモデルでした。

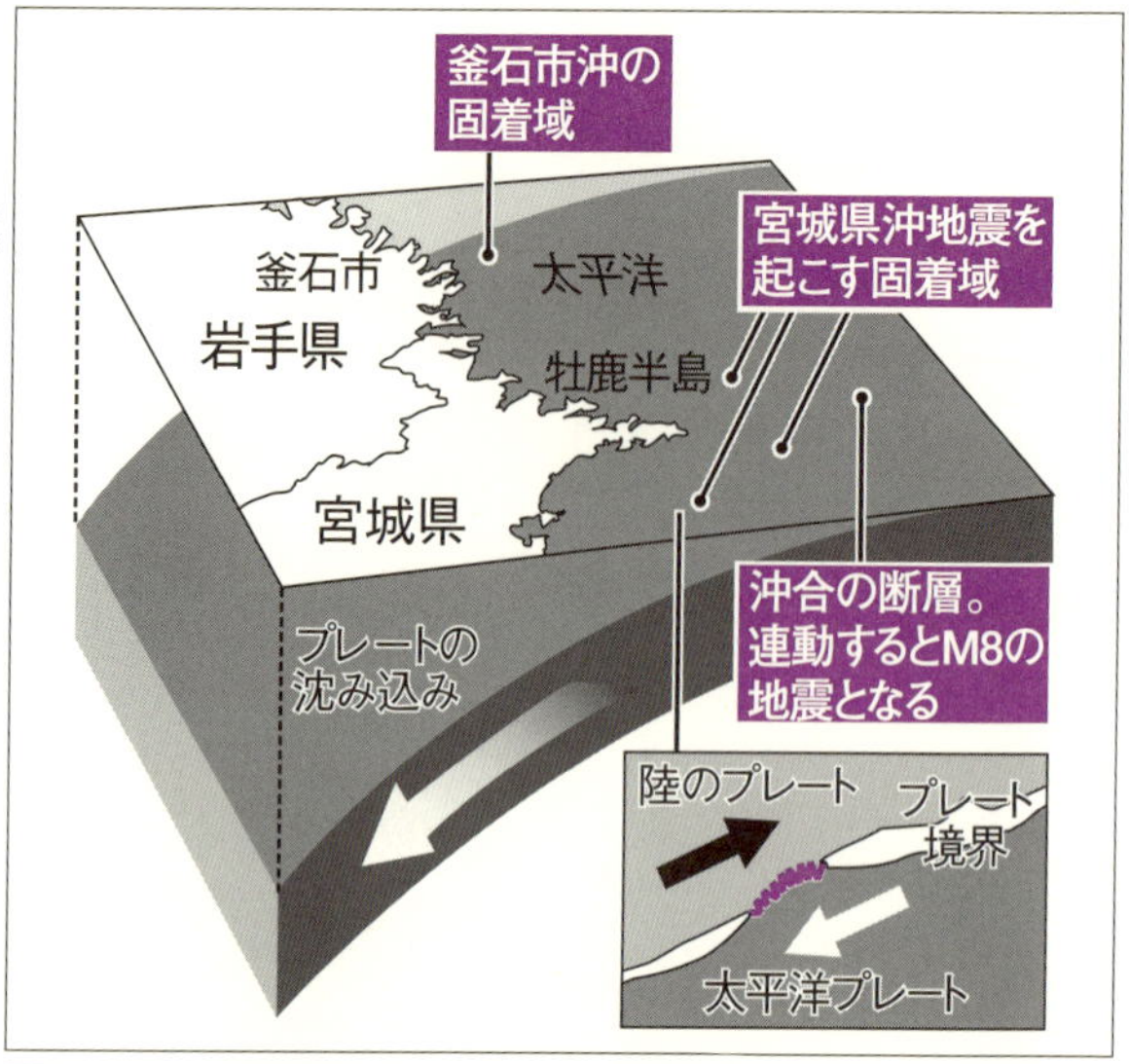

■図42　地震を起こす固着域の概念
（東北大学地震・噴火予知研究観測センター調べ）

釜石市沖でM4・8前後の地震が繰り返し発生している地点について、東北大学地震・噴火予知研究観測センターはアスペリティがあると判断し、2001年に続き、今回も予測に成功しました。

同センターによると、宮城県沖地震には、3つのアスペリティがあるそうです。ブロック塀の倒壊などで多数の死者が出た、前回1978年の地震の際には、この3つのアスペリティが一度に滑《すべ》ったと考えられています。

そこで、2005年に宮城県の東方沖で起きたM7・2の地震波と、1978年の地震波とアスペリティを比べたところ、2005年の地震のアスペリティは、

1978年のアスペリティの南東部と重なりました。

さらに、同センターは1933年、1936年、1937年と3回連続してM7クラスの地震が発生した前々回に着目し、地震波の分析以外に、余震分布を調査しました。すると、1978年の余震分布の中で、1933年はその分布の北部、1936年の場合は、その南東部、1937年のケースでは、その南西部に位置することがわかりました。

アスペリティは余震分布の中にあることから、2005年の地震は3つのアスペリティのうち、1936年と同じく、南東部だけが滑ったものと、同センターは判断しました。解析によると、残る2つのアスペリティが同時に滑った場合は、M7・4～7・5、片方だけならM7・1～7・4と想定され、この数字なら、地震調査委員会が予測するM7・5という数字とあまり変わりません。

同センターの長谷川昭教授は「プレートの動きに抵抗するアスペリティが、3つから2つになり、かかる負担も増えるので、地震の発生は早まる」と語っています（『読売新聞』2008年1月20日付）。

一方で、もっと沖合にある断層と連動した場合、M8前後の地震が起きると懸念されていますが、これについては「2005年に、沖合いと陸側に挟まれたアスペリティが滑ってしまったため、可能性は低くなった」と見ているそうです。

このアスペリティのモデルを用いて、プレート境界型の地震が次に、「どこで」「どういう規模で」起きるかについては、高い精度で予測できるようになってきたのですが、「いつ起こるか」については、起こる年を特定しての予測は、今のところむずかしいのです。

第4章でも取り上げましたが、いわゆる〝第1種空白域〟つまり、過去に起きた地震のスパン（発生間隔）から割り出していくほかありません。また今のところ、アスペリティが2つ以上ある場合は、次に滑るアスペリティが全部なのか、それとも一部が滑るのか、という確率も出せないのが、現状です。

スマトラ島沖巨大地震でわかったこと

地震の規模（マグニチュード、Mで表記）は、より広い領域が一気にずれ動いたときに大きくなります。第3章でお話しした固着域（アスペリティ）が大きければ大きいほど、地震の規模は大きくなります。といっても、超巨大地震が、1つの大きなアスペリティが破壊されて起こるというわけではありません。

スマトラ島沖巨大地震のケースを取り上げてみましょう。この地震は、前述もした

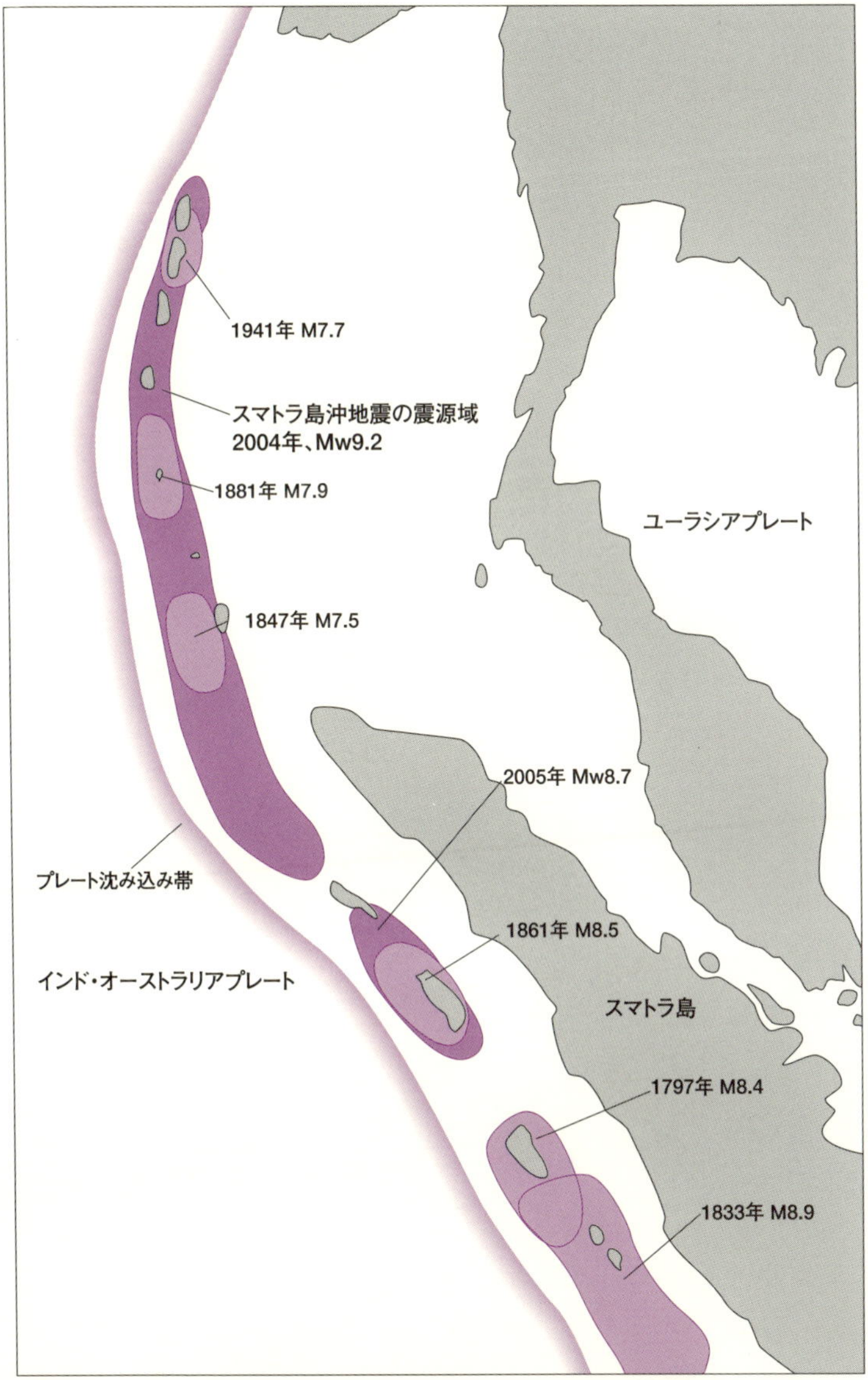

■図43　スマトラ島沖超巨大地震の震源域と過去の大地震

ように「超巨大地震」いってもよいもので、スマトラ島やアンダマン諸島などを載せたユーラシアプレートが、インド洋を載せたインド・オーストラリアプレートの上に、せり上がるような運動によって起こっています。インド・オーストラリアプレートは、ユーラシアプレートの下に潜り込むように動いていました。この巨大地震は、南北の走向を持ち、東側に緩く傾斜した断層面に沿って、東上がりの逆断層運動を起こしたプレート境界型の地震でした。

断層面の広さは、長さ1200キロメートル、幅100キロメートルもあります。日本列島でいえば、中部地方から九州地方までの太平洋岸をすっぽり覆うほどの広範な地域が、平均で7メートルも動いたといっていいでしょう。

このとき、大規模な逆断層運動により、海底は広域にわたって最大3メートルほど隆起や沈降を繰り返しました。この海底の地殻変動が大津波を発生させています。津波が遡上してくる高さは、スマトラ島北西岸で5～50メートル、タイ西岸で2～10メートル、スリランカで4～10メートル、インド南東岸で3～5メートル、モルディブ諸島で1～3メートルを記録しています。

図43に表してあるように、1847年（M7・5）、1881年（M7・9）、1941年（M7・7）と、M7クラスの地震が今回の震源域を挟んで、個別に起きてい

ました。今回の地震は、これら〝複数の地震源〟が連動した結果なのです。

実はチリ地震（1960年、M9・5、観測史上最大の地震でMw9・5）でも、同じようなことが起こっていました。このときも、これら過去に比較的大規模な地震を発生させたことのあるアスペリティが同時に動いて、世界の地震観測史上最大の地震となったのです。

これまでの話をまとめておけば、過去、比較的規模の大きなプレート境界型地震（海溝型地震）の発生した場所が連なっているようなところでは、これらが連動して、超巨大地震となる可能性があるのです。

実は、日本のような（弓なりになった島々が続いている）島弧列島こそは、そのような条件を兼ね備えているのです（図20〔103ページ〕参照）。次の項で、詳しく見てみましょう。

西日本全体を巻き込む超巨大地震が発生!?

1707年の宝永地震では、東海・東南海・南海地震が連動して発生、Mw8・7に達しています。ほとんどM9クラスの超巨大地震に迫ろうかという規模でした。このときは、津波が紀伊半島から九州にかけての太平洋沿岸や瀬戸内海沿岸を襲い、死者は、揺れによるものと津波の被害を含め少なくとも2万人を数えたといいます。

最近、東南海地震と南海地震の震源域の境界付近で、奇妙なものが発見されたと話題になっています。周囲の陸のプレートに比べて重くて固い岩の塊が、2つの震源域を分かつように存在していることが明らかになったのです（海洋研究開発機構＊調べ）。この塊は、地下から上昇してきたマグマが固まったものだと考えられており、そのため東南海地震と南海地震は、単独で発生したり、連動して発生したりという可能性があるというのです。

ところが、3つの地震（東海・東南海・南海地震）の震源域プレートの境界は、さらに延びて南西諸島にもつながっています。それが、九州の沖合いや「琉球海溝（南西諸島海溝）」です。名古屋大学大学院環境学研究科の古本宗充《むねよし》教授は、3つの地震に加えて、九州沖から南西諸島まで含めた地域にまで連動する超巨大地震が発生する可能性を示唆しています。さらに、西日本の超巨大地震は、おおむね1700年ほどの間隔で発生している可能性があることにまで、古本教授は言及しています。

前掲の図20（103ページ）をもう一度、見てください。地図上で日本列島をひっくり返して、隣りにスマトラ沖近辺の地図を置いてみました。すると両者の地図は、驚くほど形が似ています。そして、仮に駿河湾から南西諸島までが一気に動いた場合の震

＊**海洋研究開発機構**
既存の調査船（有人潜水調査船＝しんかい2000、しんかい6500、地球深部探査船「ちきゅう」）などに加え、2004年の独立行政法人化の際に、東京大学海洋研究所から移管された調査船を用いて、海洋・大陸棚・深海に関する研究を行っている。2004年4月、海洋科学技術センターから現行の名称に変更になった。

●インドネシア近海にいたアメリカ海軍機によるスマトラ島沖地震での津波被害の航空写真

源域は、大きさといい、(反《そ》りの方向が違うことを除けば) 弓なりに曲がった感じといい、非常によく似ています。駿河湾から南西諸島まで、実線で囲まれた面積は、スマトラ沖地震の際の震源域とほぼ同じ長さ(約1000キロメートル)です。また、日本の島弧列島は、スマトラ島からアンダマン諸島にかけての地域と同じく、プレートの沈み込み帯(サブダクション帯)に向けて、海側のプレートが陸側のプレートに、まさに潜り込んでいるところです。

スマトラ沖地震では、過去に地震が発生したことのあるところと、これまで地震が発生していないところも含めて、一緒にずれ動いたと見られています。西日本でも、同じようなことが起きないという保証は、どこにもありません。

スマトラ沖地震で起きた時速800キロの超巨大津波

地震の規模（マグニチュード）が大きくなると、津波*の被害を伴いやすいという特徴を挙げることができます。津波は、海底の地形が地震によって短時間で隆起したり、沈降することにより、その上に載っている海水全体が持ち上げられたり下げられたりすることによって発生します。超巨大地震は、プレート境界にある陸側のプレートが、跳ね上がることで発生します。この跳ね上がる部分は、多くの場合、海底にあります。そのため、超巨大地震では、必然的に大津波が発生します（図44）。

超巨大地震は震源域の面積が広く、滑り量も多いのです。より広い面積の海底が、一気により大きく盛り上がります。当然、津波の規模も大きくなってきます。

スマトラ沖地震の場合、震源の長さは1000キロメートル、幅150キロメートル、平均滑り量は20メートルに達しました。このとき、震源域にもっとも近いバンダアチェで、最大30メートルの高さまで津波が押しよせ、この津波による犠牲者は20万人を超え、史上最悪の自然災害だったといわれています。

＊津波と地震
津波と地震の関連から、地震の規模に比して大きな津波が発生するものを「津波地震」という。海底において地震が発生すると海水の上下動を呼び起こして津波を発生させる。通常は大規模地震によるが、1896年の明治三陸地震津波など観測された地震が比較的小規模であるにもかかわらず、規模に比例せず大津波が発生する場合がある。こうした津波地震は海水の上下動の差＝地殻の変動量自体は大きいものの、地殻変動が通常の地震よりも長い時間をかけて発生し、その振動が小さいか長周期であるために地震計などでは小規模に把握されたと考えられている。

前述した世界の観測史上最大のチリ地震でもやはり、超巨大な津波が発生しています。チリは、太平洋を挟んでちょうど日本のほぼ真裏にあたります。このとき津波は、15時間後にはハワイを襲い、23時間後には日本にも押しよせました。日本各地は3～

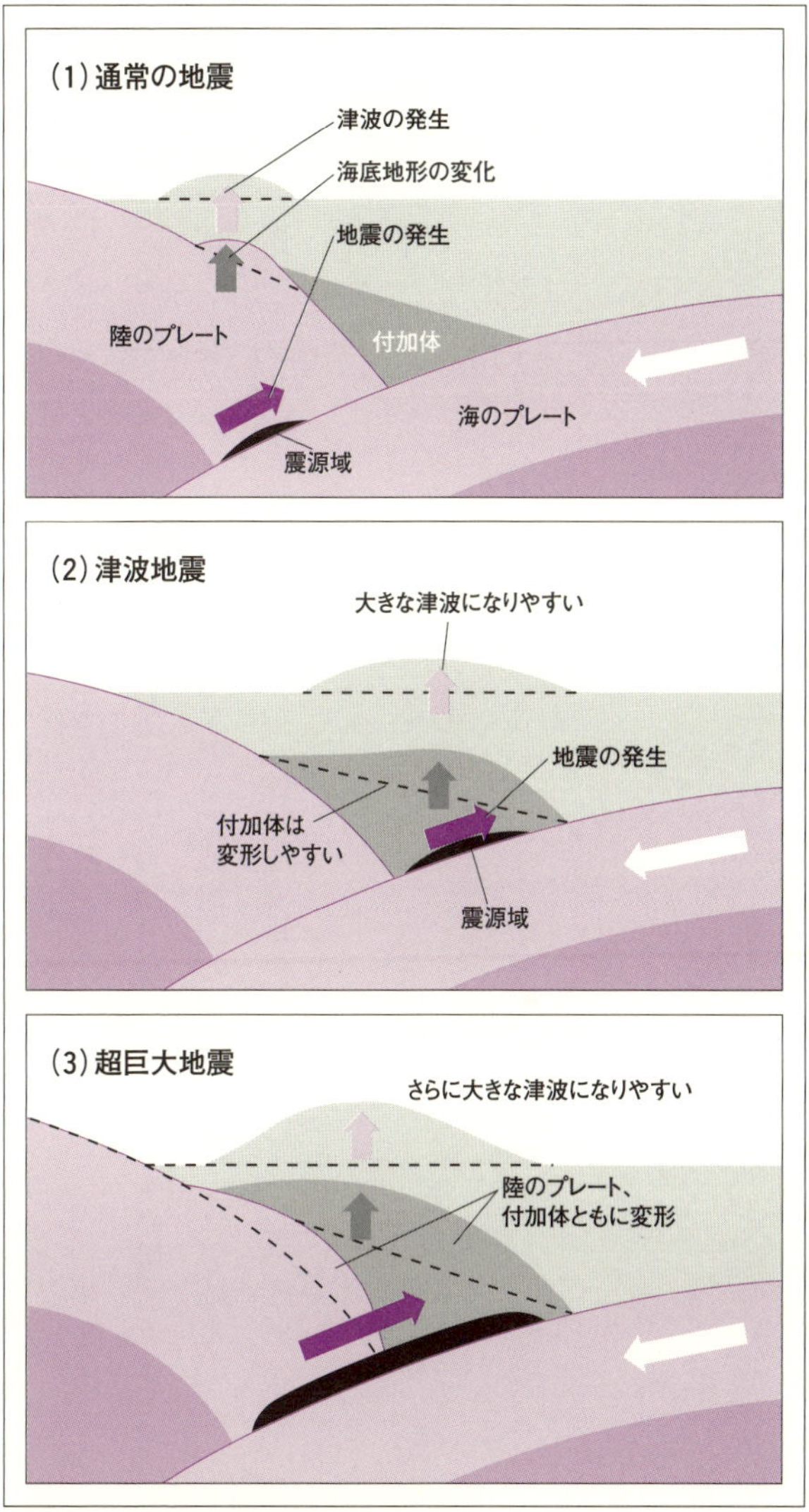

■図44　津波が発生するメカニズム

4メートルの津波が襲い、三陸海岸では5〜6メートルの大津波が襲ったため、地球の裏側の地震によって約140人が命を落としました。

津波は水深の深いところほど、早く伝わります。水深5000メートルの場所では時速800キロメートルにもなります。スマトラ島沖地震の場合、インド洋を越えてマダガスカル島やアフリカ大陸に伝わるのに、10時間もかかりませんでした。

第6章

来るべき地震に備えて

6-1

東海地震の発生を考える

来るべき東海地震を気象庁はこうとらえている

▼(1)東海地震とは、どういう地震を指すのか?

駿河湾の海底に、駿河トラフと呼ばれる、細長い凹地（へこみ）が走っています。

この駿河トラフは日本列島の南側にあり、伊豆半島を載せたフィリピン海プレートが、その北西側の日本列島を載せている陸側のプレートの下に向かって沈み込む「プレート境界」だと考えられています。このプレート境界を震源域として、近い将来、大規模な地震（M８程度）が発生すると考えられており、実はこれが東海地震なのです。図45の太い曲線で囲まれた領域が震源域になると想定されています。

昭和53年（１９７８年）、地震を予知し、地震による災害を防止・軽減することを目的とした「大規模地震対策特別措置法」（以下「大震法」とも略記）が施行されました。大震法が施行された当時、長方形で囲まれた領域が震源域となると考えられて

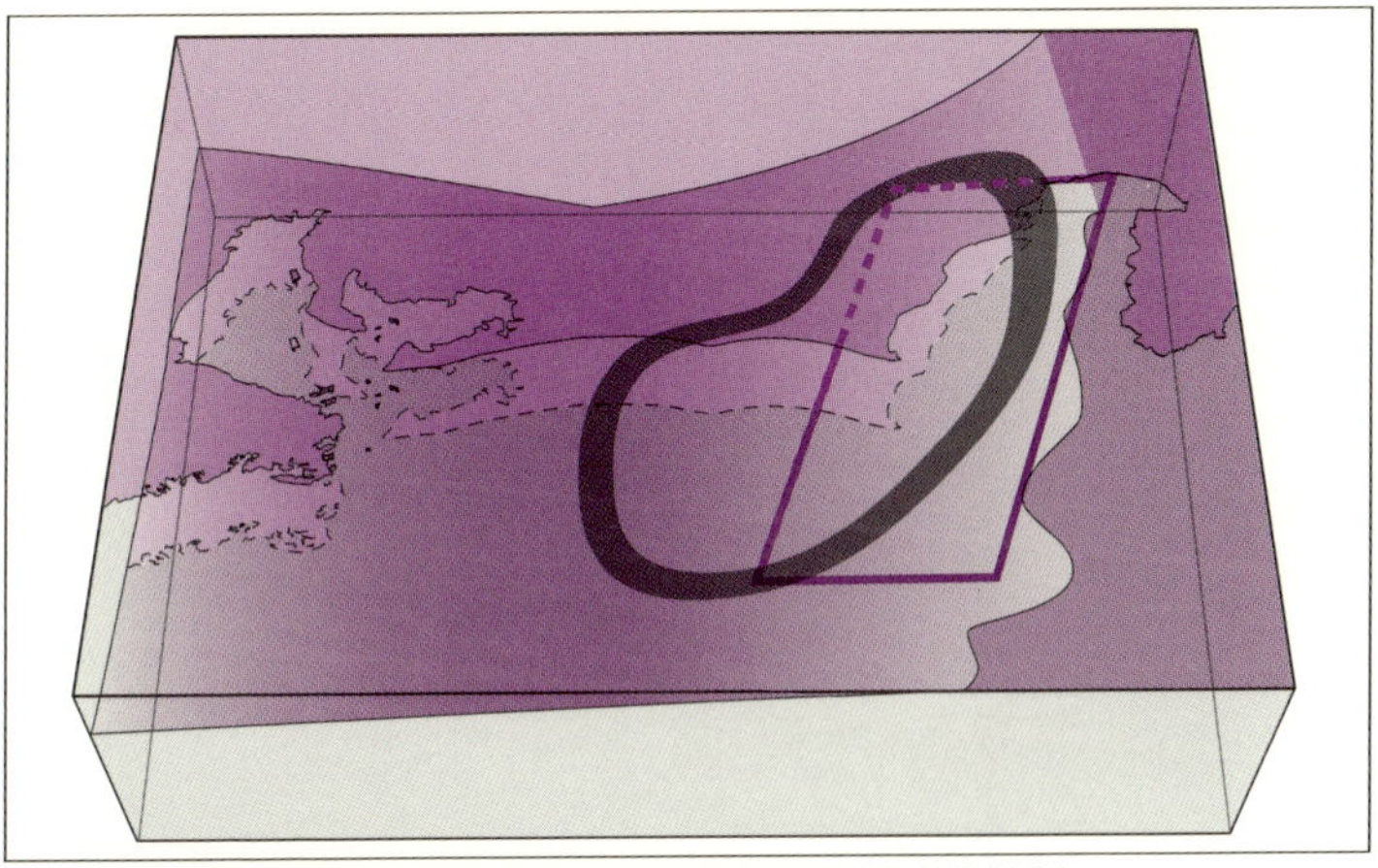

■図45　東海地震の想定震源域と地震防災対策強化地域
（気象庁「東海地震とは」から転載）

いましたが、その後20数年間の地震学の進展を踏まえ、最新の地震学の知識や観測成果をすべて取り入れ、中央防災会議（会長：内閣総理大臣）の専門調査会で検討された結果、太い曲線で囲まれた領域を震源域（その内側のプレート境界が破壊してずれ動く）と考えるのがもっとも妥当と判断されました。図を見れば、従来発表された位置より西側にずれているのがわかります。

ひとたび東海地震が発生すると、その周辺ではたいへんな被害が発生すると予想されています。そこで、東海地震の発生によって著しい被害が予想される地域が、大震法により「地震防災対策強化地域」として指定され、数々の防災対策の強化が図られています。その震源域の見直しに合わせて見直された新しい地震防災対策強化地域は、静岡県全域と東京都・神奈川・山梨・長野・岐阜・愛知・三重の各県にまたがる263市町村となります（平成14年4月24日内閣府公示）。

東海地震は、その発生メカニズムや予想震源域・歴史的史料がある程度判明しており、前兆現象をとらえるための観測・監視体制が震源域直上に整備されているところから、現在、日本で唯一、予知できる可能性があると考えられています。東海地震を予知するため、東海およびその周辺の地震・地殻変動などの各種データを気象庁に集中テレメータ*することにより、24時間体制で前兆現象の監視を行っています。観測データは、気象庁の施設のものだけでなく、東京大学、名古屋大学、国土地理院、防災科学技術研究所、産業総合研究所、海上保安庁、静岡県からも集まってきています。

▼(2)東海地域で、なぜ大地震が起きると想定されているのか？

駿河トラフから南西に向かってつながる南海トラフに沿った海域では、大規模な地震が100年から150年ほどの間隔で繰り返し発生してきました。図46は、その都度AからEまでの小領域のうち、どこが震源域となってきたかを示してあります。東海地震の震源域はE領域に相当しますが、この領域はかつても震源域となっており、

＊集中テレメータ
気象庁は、東海地震の予知のため東海およびその周辺地域の地震・地殻変動などの各種観測データを、気象庁で遠隔収集できるようにすることにより、24時間体制で前兆現象の監視を行っている。観測データは、気象庁の施設のものだけでなく、東京大学、名古屋大学、国土地理院、防災科学技術研究所、産業総合研究所、海上保安庁、静岡県からも提供されている。

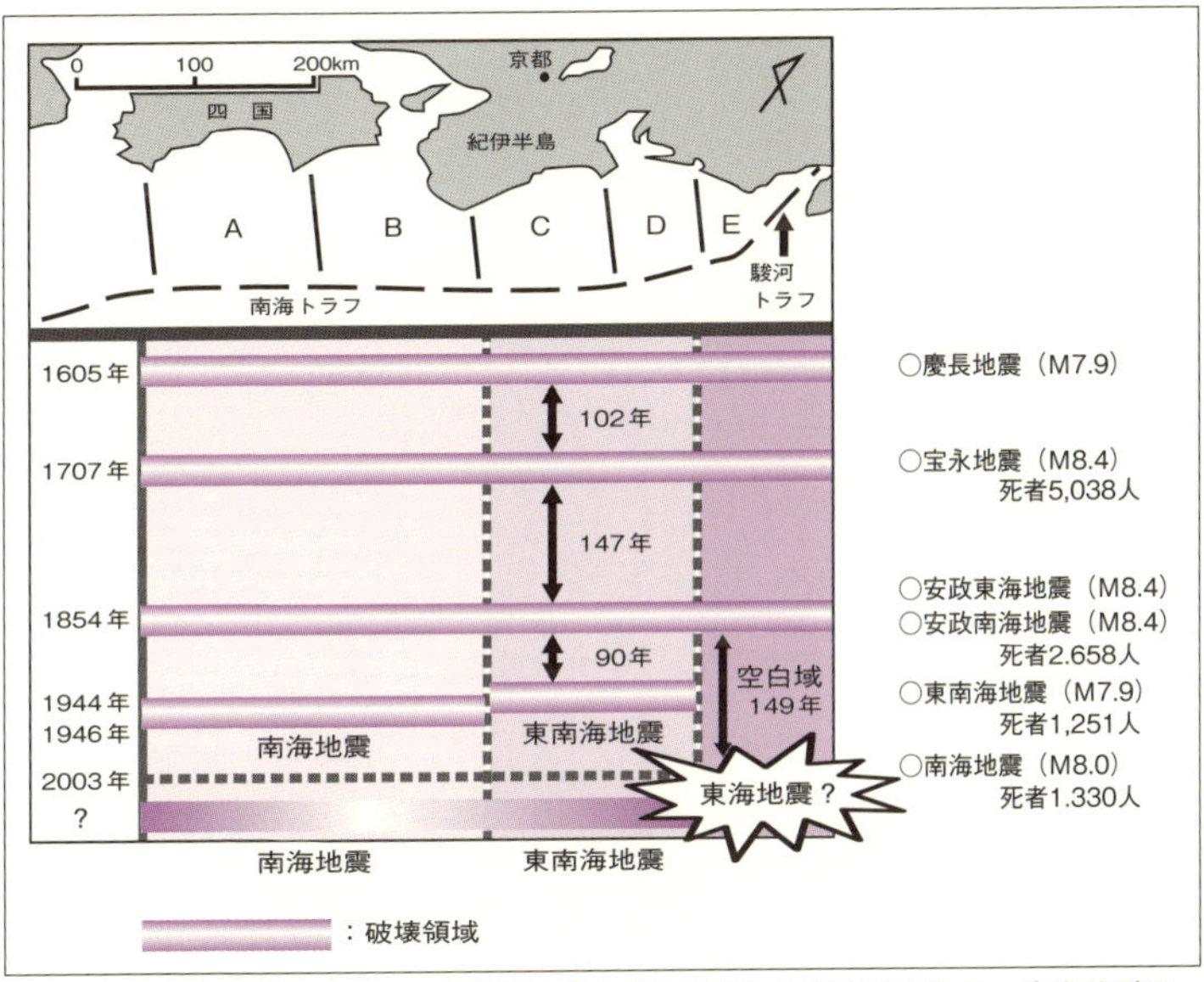

1944年の東南海地震において、未破壊のまま取り残された空白域があり、東海地震は間近に迫っている。また、東南海・南海地震は約100〜150年間隔で発生しており、今世紀前半での発生が懸念されている

■図46　東海地震と東南海・南海地震の概要（気象庁「東海地震とは」から転載）

●昭和南海地震――津波と火災にみまわれた和歌山県新宮市

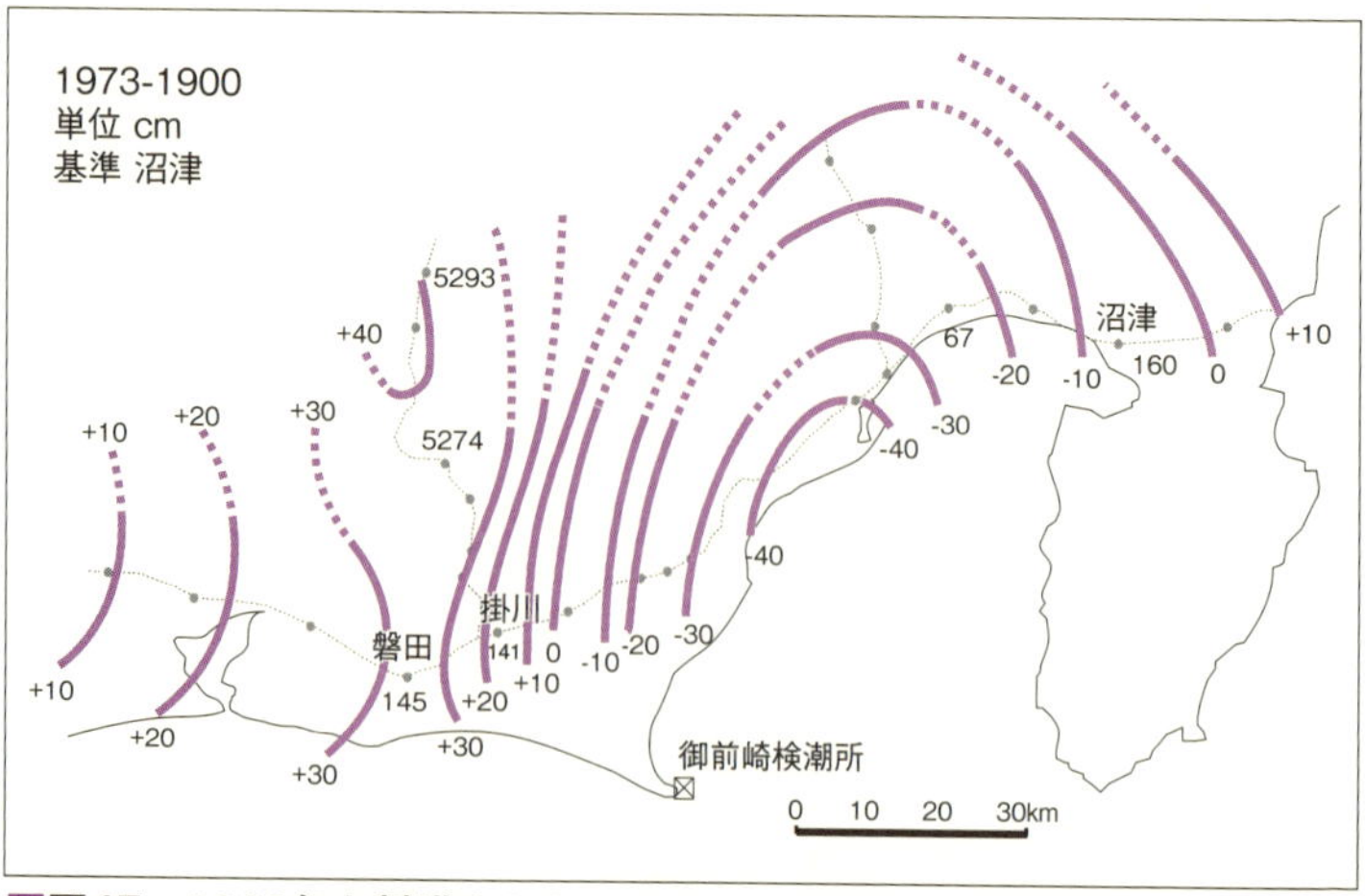

■図47　1900年を基準としたときの1973年までの駿河湾周辺の上下変動分布（気象庁「東海地震とは」から転載〔国土地理院の資料による〕）

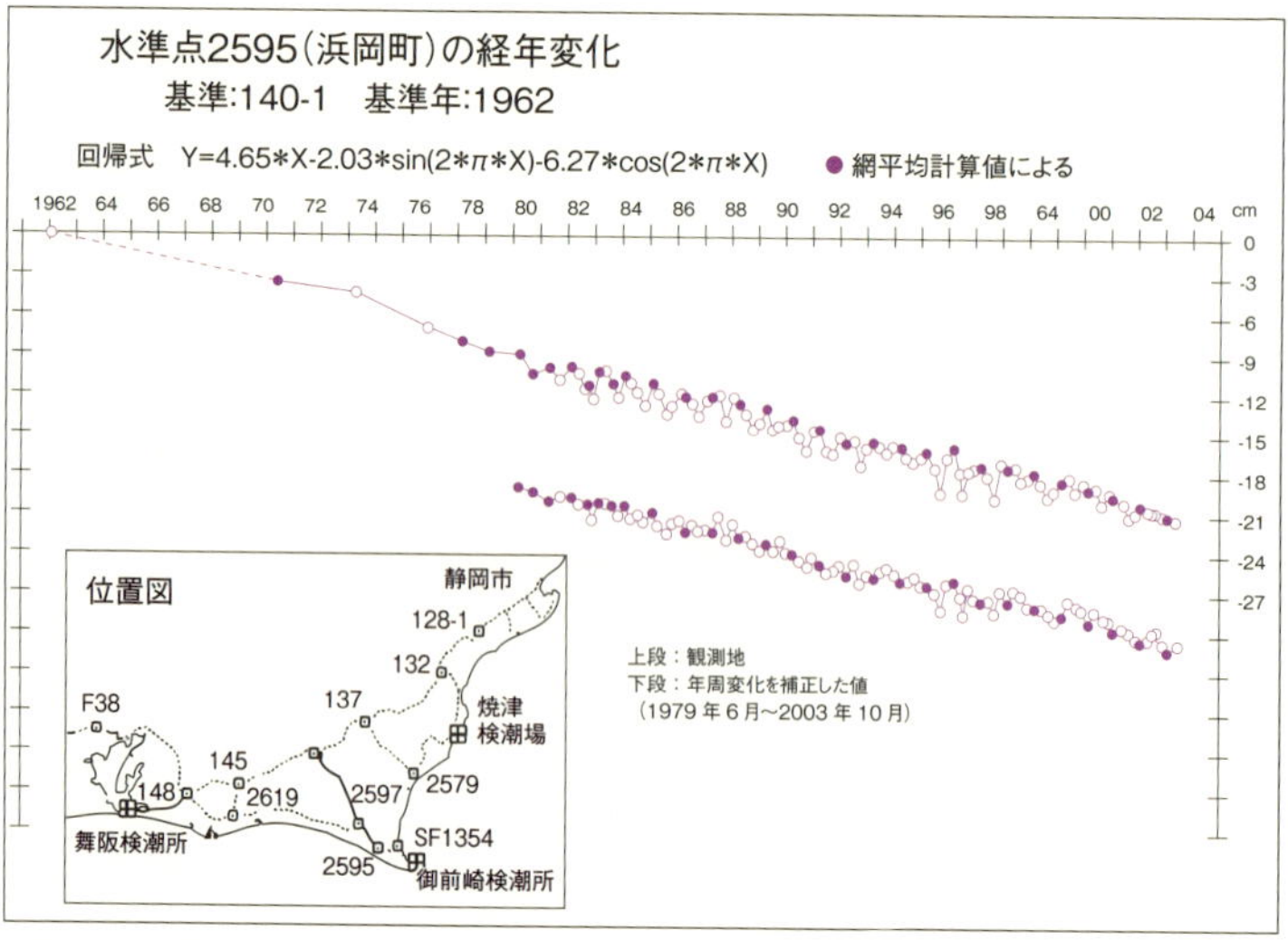

■図48　掛川を基準点としたときの浜岡の高さの経年変化
（気象庁「東海地震とは」から転載〔国土地理院の資料による〕）

十分に地震を発生させる能力を備えていると考えられていました。ところが、1944年、1946年と続いた昭和東南海、昭和南海地震では、E領域は破壊されずに残ってしまいました。つまり、E領域は約150年間も震源域となっておらず、これが「いつ起きてもおかしくない」といわれる1つの根拠となっています。

駿河湾周辺の地殻の歪《ひず》みの蓄積状況は、測量などによって調べられており、現在まで着実に歪みエネルギーが蓄え続けられていることが確かめられています（図47）。すなわち、駿河湾周辺域は日本列島でもっとも地殻の歪みが蓄積された地域の1つであり、このことがさらに東海地震の切迫性を裏づけているというのです。

▼(3)東海地震による震度や津波はどの程度の規模になるのか？

東海地震が発生したときの震度分布や津波の高さの分布は、図49と図50のようになると想定されています。

東海地震（M8程度）が発生すると、静岡県、山梨県の一部では震度7となるところが出てきます。また、静岡県全域および山梨県、愛知県、神奈川県、長野県、岐阜県の一部を含む広い地域では、震度6強か6弱、それに隣接する周辺の地域では震度5強程度、東京都や三重県は、震度5強以下と想定されています。

■図49　東海地震の想定震源域と想定される震度分布
（気象庁「東海地震とは」から転載）

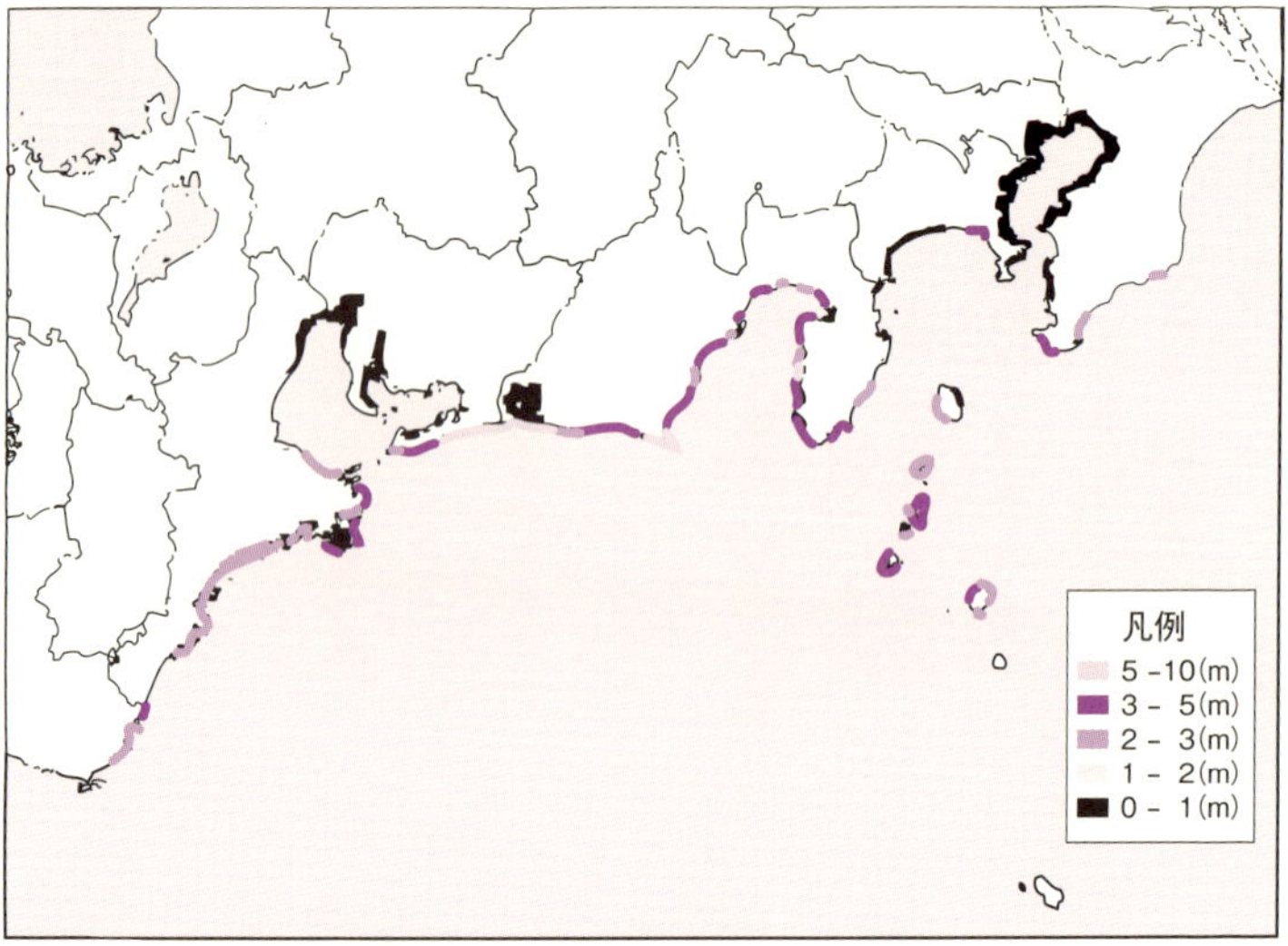

■図50　想定される海岸における津波高さの分布（気象庁「東海地震とは」から転載）

この地震により、太平洋沿岸の広い地域で津波の来襲が予想されます。とりわけ伊豆半島南部、駿河湾から遠州灘、熊野灘沿岸及び伊豆諸島の一部では5メートルから10メートル、ところによってはそれ以上の大津波となるおそれがあるとされ、相模湾と房総半島では、ところにより3メートル以上と予想されています。

東海地震が発生した場合、地震の揺れや津波等により、建物全壊約26万棟、死者数約9200人という甚大な被害が予想されるため、日ごろからの十分な備えが必要だと、気象庁は強調しています。

▼(4)東海地震は必ず予知できるものなのか?

東海地震は必ず予知できるのでしょうか? 気象庁によれば、その答えは残念ながら「いいえ」だというのです。前兆現象をとらえることができた場合のみ、気象庁は東海地震に関連する情報を発表して知らせることになっています。

では、どのくらいの確率で前兆現象をとらえることができるのでしょうか? これも、残念ながら「不明」だとしています。

東海地震予知の鍵となる前兆現象は、いったい何か。それは今のところ、「プレスリップ(前兆滑《すべ》り)」という現象だと考えられています(図51)。

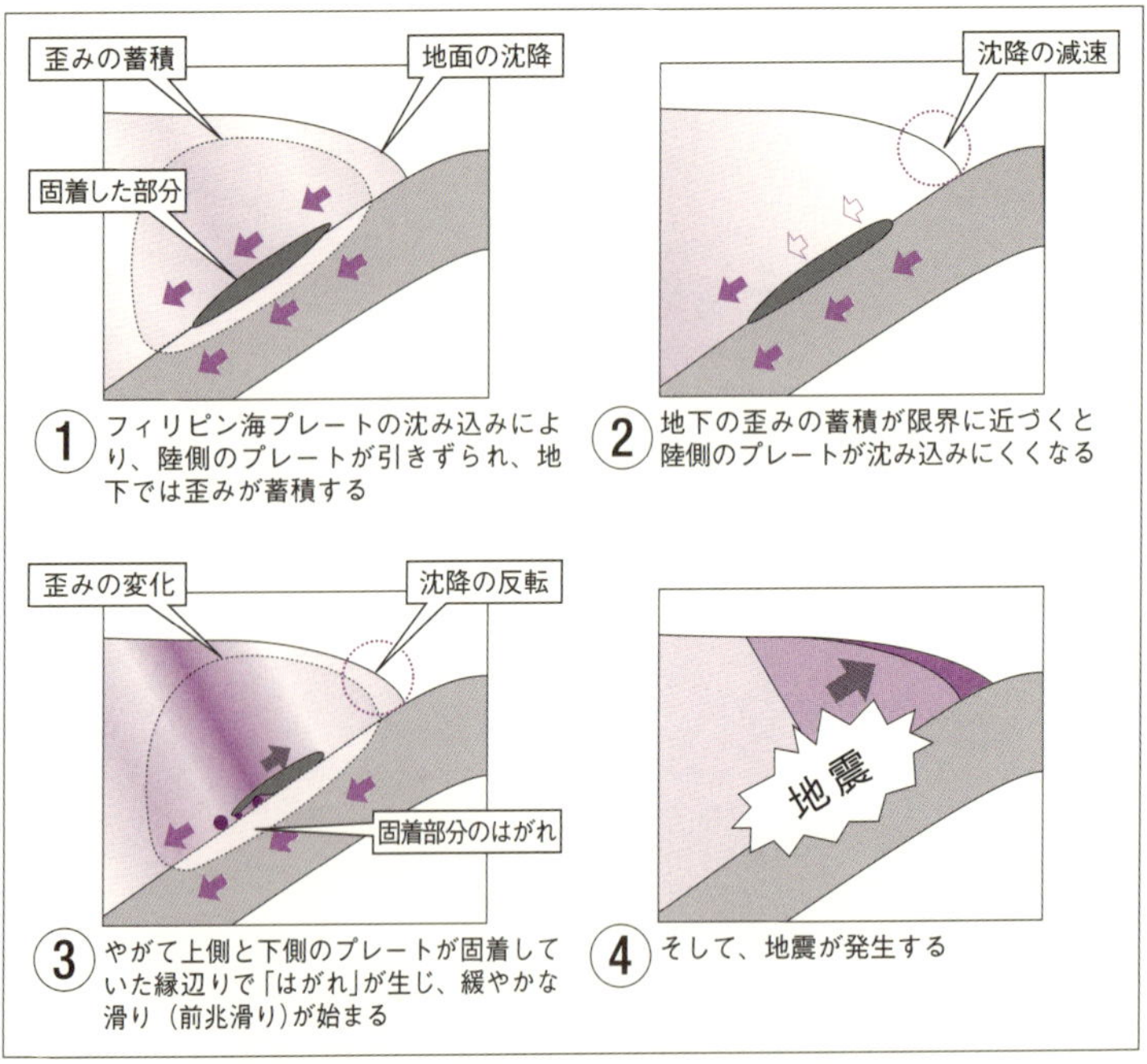
歪みの蓄積
地面の沈降
固着した部分
沈降の減速
1
フィリピン海プレートの沈み込みにより、陸側のプレートが引きずられ、地下では歪みが蓄積する
2
地下の歪みの蓄積が限界に近づくと陸側のプレートが沈み込みにくくなる
歪みの変化
沈降の反転
固着部分のはがれ
地震
3
やがて上側と下側のプレートが固着していた縁辺りで「はがれ」が生じ、緩やかな滑り（前兆滑り）が始まる
4
そして、地震が発生する

■図51　東海地震の発生シナリオ（気象庁「東海地震とは」から転載）

●大地震にこそみまわれていないものの、東海地震はまったく絶えているわけではない。写真は1969年に起こった「9・9東海地震（M5・0）」——国道156号線の土砂崩れ現場

1944年の東南海地震（東海地震での想定震源域のすぐ西に隣接する領域が震源域）では、その2～3日前から、非常に顕著な前兆的地殻変動が観測されました。この場合は東海地震ではなく東南海地震の前兆現象だったのですが、これと同程度の地殻変動が東海地震の前兆現象として現れるといわれ、この程度の地殻変動であれば、気象庁は現在の観測網で間違いなくキャッチできると明言しています。

また、最新の地震学の研究成果によると、地震の前兆現象が現れる機構を説明するモデルとして、「プレスリップ（前兆滑り）モデル」がもっとも合理的だとされています。プレスリップとは、震源域（東海地震の場合、プレート境界の強く固着している領域＝アスペリティ）の一部が地震の発生前に剝がれ、ゆっくりと滑り動き始めるとされる現象のことをいっています。

プレスリップが発生すると、周囲の応力の状態が変化するため、それを地殻変動などの観測によってできるだけ早期にとらえようというのが、気象庁の短期直前予知戦略なのです。こうした小さなシグナルも取り逃がさないよう、世界に類を見ない高密度の観測網が整備されており、気象庁では24時間体制で監視を行っています。

東海地震については、

①前兆現象を伴う可能性が高いこと。

②前兆現象を捉えるための観測・監視体制が震源域直上に整備されていること。

③とらえられた異常な現象が前兆現象であるか否かを判断するための「プレスリップ・モデル」に基づく基準があること。

これらの要件が満たされれば、予知できる可能性があるとされています。逆にいうと、その他一般の地震は①〜③の条件を満たさないので、予知は当然、困難ということになります。

気象庁では、東海地域で異常な現象がとらえられた場合「東海地震観測情報」を、その後「異常な現象」の程度が大きくなり、前兆現象である可能性が高まった場合には「東海地震注意情報」を発表することにしています。

そして、さらに異常な現象が進展した場合には、それが大規模な地震に結びつく前兆現象であるかどうかを緊急に判断するため、我が国の地震学研究の第一人者6名からなる地震防災対策強化地域判定会（以下「判定会」と表記。会長：溝上恵東京大学名誉教授）を招集し、データの検討を行います。判定会が開催された場合は、「東海地震注意情報」のなかでその事実をすみやかに情報として流すことになっています。

判定会での検討結果を受け、気象庁長官が「もうすぐ東海地震が起きそうだ」と判断した場合、ただちに気象庁長官はその旨を内閣総理大臣に「地震予知情報」として報告する手はずになっています。

判定会の委員が緊急にデータの異常を判断するためには、普段からデータの変動状況を把握しておいてもらう必要があります。「異常」とは、「平常」を知ったうえで初めて判断できるものなのですから。そのため気象庁では原則毎月1回、判定委員打合せ会を開いています。その打合せ会で得られた「最近の東海地域とその周辺の地震・地殻活動」評価については、気象庁のホームページ*に掲載されています。

東海地震が起きそうだと判断された時点で、防災体制は?

▼3種に分かれる東海地震の情報公開

同様に東海地震に関連する情報は、気象庁ホームページのうちの「東海地震関連情報」で見ることができます。

東海地震に関連する情報には3種類あり、危険度が低い情報から順に「東海地震観測情報」→「東海地震注意情報」(観測された現象が、前兆現象である可能性が高いとき)→「東海地震予知情報」(発生のおそれがあると判断されたとき)となっています(図52)。

気象庁では、東海地域の観測データを常時監視しています。異常現象を検知し、そ

＊気象庁ホームページ
HPアドレスはhttp://www.jma.go.jp/jma/。ここから防災気象情報、そして東海地震関連情報へとアクセスできる。

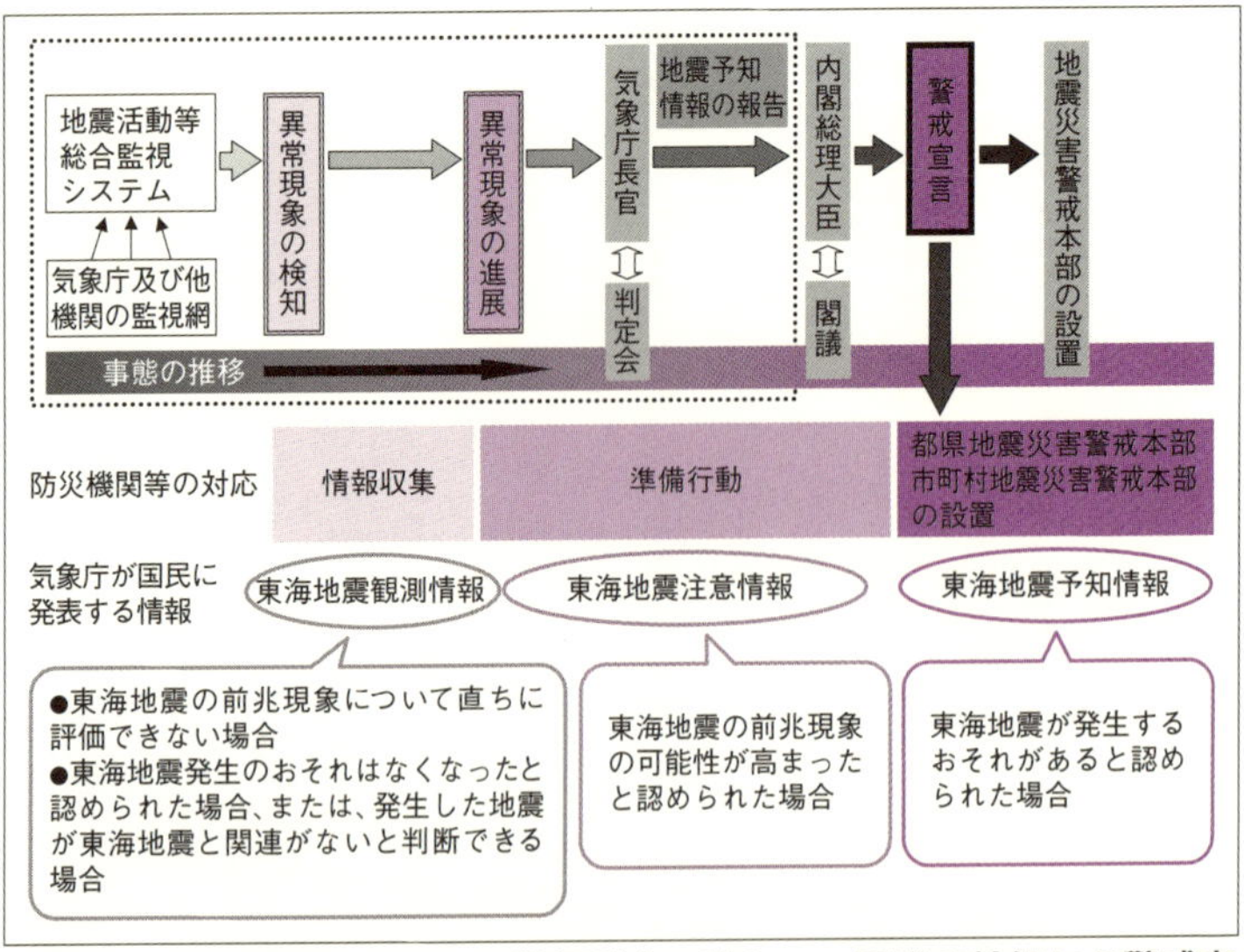

■図52　東海地震にかかわる情報発表の流れ——異常の検知から警戒宣言まで（気象庁「東海地震とは」から転載）

れが前兆現象かどうかただちに判断できない場合には「東海地震観測情報」を発表することになっています。この情報を受けて、国や自治体等では情報収集連絡体制がとられることになります。この時点では、一般の住民は、特段に防災対応をとる必要はありませんが、テレビ・ラジオ等で次の情報発表に注意してもらうよう、注意を喚起することになります。

異常現象が進展し、前兆現象である可能性が高まったと認められた場合には、「東海地震注意情報」が発表されます。東海地震注意情報を受け、地震防災対策強化地域やその周辺地域では防災準備行動が開始される手はずです。一般の住民は、テレビ・ラジオ等の情報に注意し、政府や自治体などからの呼びかけや、自治体等の防災計画に従って行動することになります。

さらに異常現象が進展した段階で、前述の判定会が開催され、異常現象が東海地震につながるものかどうかの検討が行われます。

判定会での検討結果を受け、気象庁長官が、もうすぐ東海地震が起きそうだ、と判断した場合、ただちに気象庁長官はその旨を内閣総理大臣に「地震予知情報」として報告します。地震予知情報の報告を受けた内閣総理大臣はただちに閣議を開き、「警戒宣言」を発令することになっています。この警戒宣言の発令により、地震防災対策強化地域やその周辺地域の自治体は、地震災害警戒本部を設置し、本格的な防災体制に入ります。

気象庁では、「地震予知情報」の内容を「東海地震予知情報」として、マスコミ等を通じて一般にもすみやかに周知させることになっています。

また、異常現象の進展具合によっては、「東海地震観測情報」が発表されず、いきなり「東海地震注意情報」が発表されることもありえます。さらに、情報発表がいっさいないまま東海地震が発生する可能性もあるので、いつ地震が発生してもしっかり対応できるよう、日ごろから備えておくことがたいせつになってきます。

▼「観測」～「注意」～「予知」の情報の流れと対応

念のため、3種類の情報はどのようなときに発表され、私たちはどうしたらいいのかを、まとめておきました。

【東海地震観測情報】

観測された現象が東海地震の前兆現象であるとただちに判断できない場合や、前兆現象とは関係がないことがわかった場合に発表される。住民は、平常どおり過ごしていい。

【東海地震注意情報】

観測された現象が、前兆現象である可能性が高まった場合に発表される。ほぼ同時に、政府から防災に関する呼びかけが行われ、防災関係機関のなかには、一部準備行動を開始するところもある。学校や企業のなかには、児童や職員の帰宅を行うところもあるので、住民は政府からの呼びかけや、あらかじめ自治体等が定める防災計画に従って行動することになる。

【東海地震予知情報】

東海地震の発生のおそれがあると判断されたとき発表される。ほぼ同時に内閣総理大臣から警戒宣言が発表され、本格的な防災体制が敷かれる。住民は東海地震の発生に十分警戒し、あらかじめ自治体等が定める防災計画に従って行動することになる。

この3種類の情報は、平成16年1月に情報体系が変更されて、設定されました。

ただし、以上3種類の情報に関しては、前記のように必ずしも東海地震観測情報↓東海地震注意情報↓東海地震予知情報の順番で発表されるわけではありません。

前兆現象の変化が急激な場合は、順番を飛び越えて情報が発表されることもあります。また、情報発表後、データの変化が止まるなどして、東海地震のおそれがなくなったと判断されることもありえるでしょう。その場合、「安心情報」であることを明記した東海地震観測情報、または、東海地震注意情報・東海地震予知情報の「解除」として、情報が発表されることになります。

ここで注意しておきたいのは、プレスリップ（前兆滑り）の規模が観測網でとらえられないほど小さい場合や、プレスリップの成長が非常に急激な場合など、情報の発表ができないまま東海地震が発生する――いわゆる「突発型」地震が起こる可能性は、いまだ厳然としてあるということです。

平成16年の情報の見直しは、予知が可能なケース（プレスリップ・モデルに沿った現象がある程度時間的余裕をもってとらえられた場合）と困難なケースを切り分けたうえで、予知が可能なケースでは警戒宣言前の準備行動の開始に結びつけることができる情報を発表し、防災のための最善を尽くす——というのがその趣旨なのです。

地震の予知が困難なケースとしては、以下の2つの場合が考えられます。

①プレスリップがとらえられない場合（プレスリップの規模が小さすぎた、プレスリップが沖合で発生したなど、観測網でとらえられなかった場合。また、プレスリップ・モデルが誤りであった場合）。

②プレスリップの進行があまりにも急激で、時間的に余裕がない場合。

これらの場合、残念ながら情報発表がないまま、地震発生に至ることになります。日ごろからの防災対策が、たいへん重要になってくる、ということです。

▼東海地震の警戒宣言が出されたら、ライフライン・公共機関はこうなる

そうしたことから、以下に簡単に状況をまとめておきました。

＊交通：電車・バスは減速運転。ターミナル駅などは、かなりの混雑・混乱が予想

される。高速道路は、時速40キロメートル以下。一般道路・首都高速は、
時速20キロメートル以下に制限され、マイカーの走行規制が行われる。
＊電気・ガス・水道：平常どおり供給される。
＊電話：状況によって、制限されることもある。
＊保育園・幼稚園・学校：保育や授業は中止。保護者の引取りで、児童は帰宅する。
＊病院：ほぼ平常どおりの診察が受けられる。
＊デパート・スーパー：食料品・生活必需品の販売を中心に営業。

6-2

“明日”に備えるために

東海地震の決定的な“前兆”は今のところ出ていない

6－1では、東海地震に関する気象庁の見解をまとめて紹介しました。確かに東海地震は、ここが割れるであろうと誰もが了解できる領域ですが、ではいったいいつ割れるのでしょうか。明日にも起こるという報道が流れはしたのですが、なかなか起こりそうな気配がありません。1974年、地震予知連絡会は東海地方を観測強化地域に指定しましたが、30年以上経過した今、いまだに東海地震は起きていません。

この項では、木村政昭名誉教授による「東海地震はいつくるか」についての見解を紹介しておきます。

関東・東海・東南海および日本の周辺で起きた大地震を、図53にプロットしてあります。①～④で示した波線円は、今のところ大地震の空白域になっています。ここで示した①、②、④の空白域は、大方の地震学者に認知されている歴史地震の空白域で、

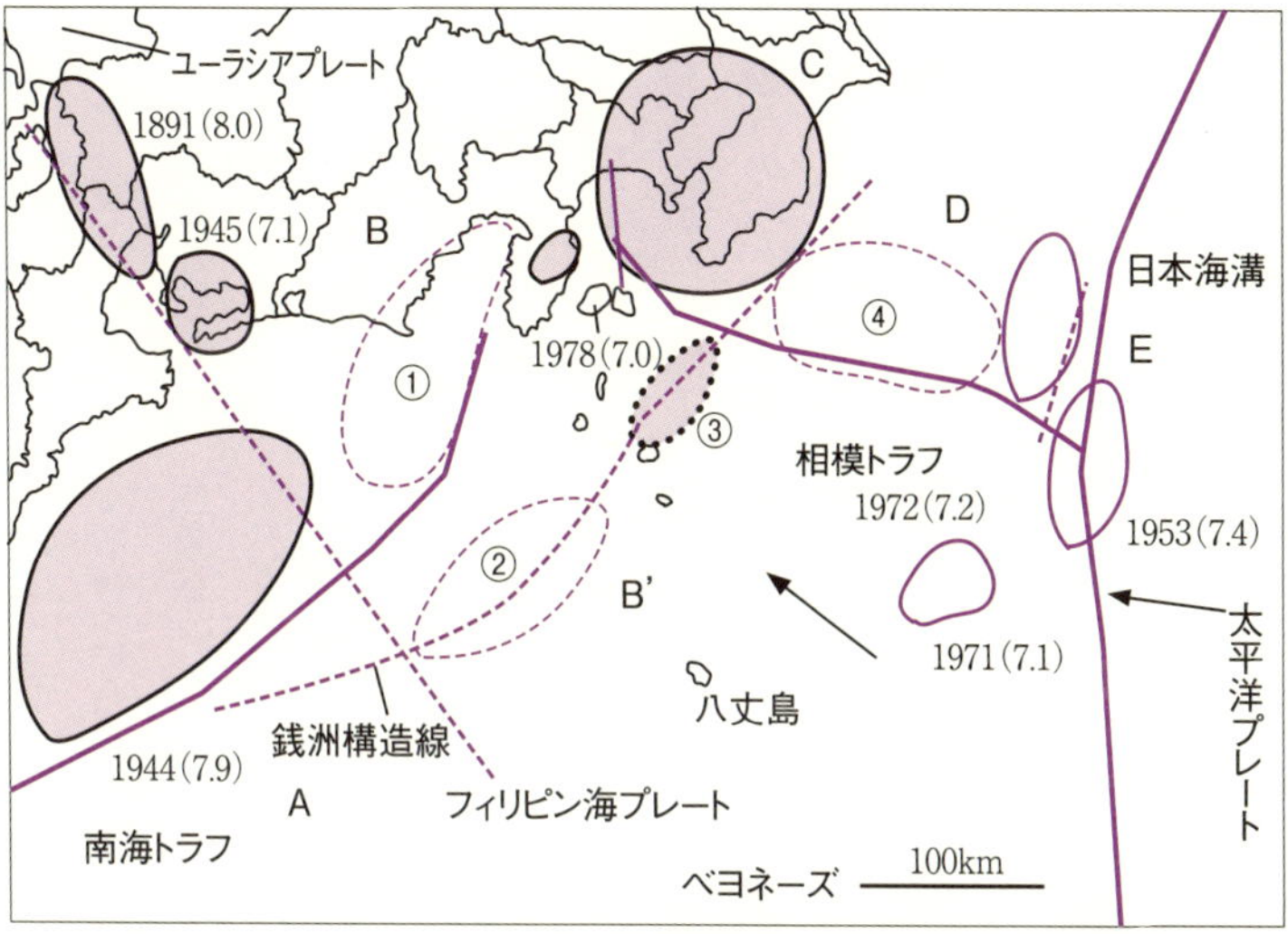

①東海地震（予知連による）、②伊豆南方（銭洲断層）、③房総南方、④房総東方。矢印はプレートの移動方向を示す

■図53　近年発生した大地震および予想される空白域（M>7.0）

そのうちの①が、東海地震の空白域とされています（地震予知連による）。

ここで③と示しておいたのは、④の空白域の一部のようなものですが、木村名誉教授が最近行った検討によれば、「第2種空白域」、つまり緊急度が高そうな地域なのです。

③と④を合わせた場合が、1つの大きな円で囲まれる通常地震の空白域となっていた部分です。ところが、最近起きた通常の地震活動を見ると、③の部分に、同教授の定義する「第2種B型空白域」の条件の1つであ

る地震の目〝サイスミック・アイ〟(130ページ参照)が見出されたのです。したがって、新たにここに、空白域を設けたと述べています。

このような状態は、固着域(アスペリティ)がはっきりし始めた時期だと考えられ、大地震がいつ起こっても不思議ではないほど、緊急度の高くなったところだと考えられています。木村名誉教授は阪神・淡路大震災の直前、震源地に〝サイスミック・アイ〟が発生していたことをつかんでいました。

①の空白域に関しては、東海巨大地震が起こるだろうと予測され、専門家は明日起こってもいいように監視を続けています。ところが木村教授によれば、

❶空白域が明瞭でない。

❷今のところ、①の空白域で明らかに異常現象と見なされるものは、認められていない。

❸噴火と地震の時空関係(140ページ参照)からは、次に起こる大地震は、伊豆南方沖付近に推定しやすい。

として、差し迫ったようすが見られないと判断しています。

一方、国や自治体では法整備が進み、観測シミュレーションの結果、2002~2003年中にも東海地震が発生する可能性があると地震学会などで指摘されたり、東

海地震の判定会筋から警告もされましたが、発生しませんでした。

その後、阪神・淡路大震災以降、どうも大地震に関する予測を出すことに関して、行政側が慎重になっているように見受けられます。最近では、地震の警戒域すら発表されなくなっています。ただそれでは、一般庶民の側の対応が遅れてしまうことになりかねないでしょう。むしろ、内陸型地震が相次いで起こっている現状では、もっと日本全体に監視の目を広げるべきかもしれません。

歴史上、東海地震だけが単発で起きたことは一度もない

そして、今わかっている確かなことは、巨大地震が発生するにはルールがあるということです。では次に、南海トラフ沿いにどのように巨大地震が発生してきたかを見てみましょう。

図54は、プレート境界付近で起きた大地震の規則性を表しています。

図によれば、1600年以降はほぼ100年に1度、南海~相模トラフの線上に巨大地震が並んで起きています。ただ、1498年以前に巨大地震が発生した間隔は、平均200年周期となっています。この図を見て木村名誉教授は、1600年以降は、100年前後でほぼ一直線に並んで大地震は発生しているが、1944年の東南海地

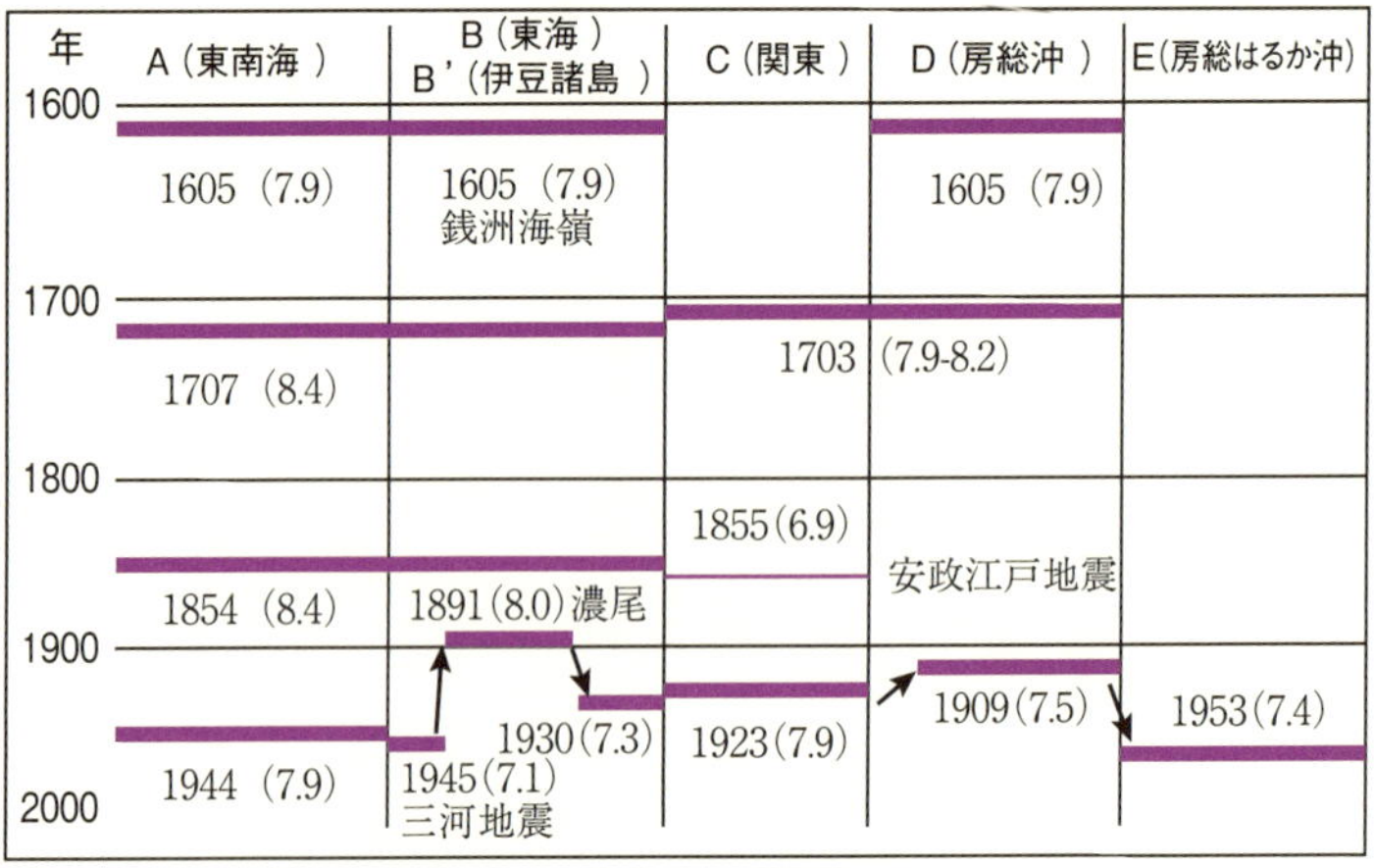

■図54　プレート境界付近での大地震の規則性

震（昭和東南海地震）で始まった最新の大地震シリーズでは、ばらつきが生じているとしています。

その理由は、濃尾地震が１８９１年に起きたためではないか、つまり、他のケースとはずれて起こっているためではないだろうか、と想定しています。実際、その部分を図の矢印のように、巨大地震の系列の中に入れてみますと、シリーズが完結するように見えます。ちょうどこの部分は本来、東海地震でつながるべきところのように見えるのです。

そもそも１８９１年の濃尾地震は、内陸部で発生したため、今まで海溝型地震に関連づけられて考えられることはありませんでした。けれどもこの地震は、日本の内陸部でこれまで発生した最大級の巨大地震なのです。そのように考えていくと、1945年の三河地震（死者2306名）や、丹那断層と直交する「姫の湯断層」を生じる結果となった北伊豆地震（1930年）も、濃尾地震と同様、東海地震の〝空白〟を埋めた可能性があることを示しているのです。

ここでもう一度、図54を見てみましょう。確かに100年に一度の巨大地震シリーズは、海溝型巨大地震が主体になっています。けれどもこの巨大地震シリーズの間には、より規模の小さな、内陸型の大地震シリーズ（たとえば阪神・淡路大震災と、続いて起きた新潟県中越地震のような地震シリーズ）があることがわかってきました。濃尾地震は、周知のように内陸型シリーズの地震です。ところが、きわめて大きく割れたために、ストレスの解放がのちの東海地震域まで及んだ可能性が見て取れるのです。

すでに、遠州灘のストレスは抜けていた？

次に、図55を見てみましょう。濃尾地震は、図の左上隅で起きています。そのとき活発に動いた根尾谷《ねおだに》断層（＝左横ずれ断層）は、左隅の実線上の北半部にあたります。その南に、太い破線で表してあるのは、三河地震のときの断層が海底の地形へとつな

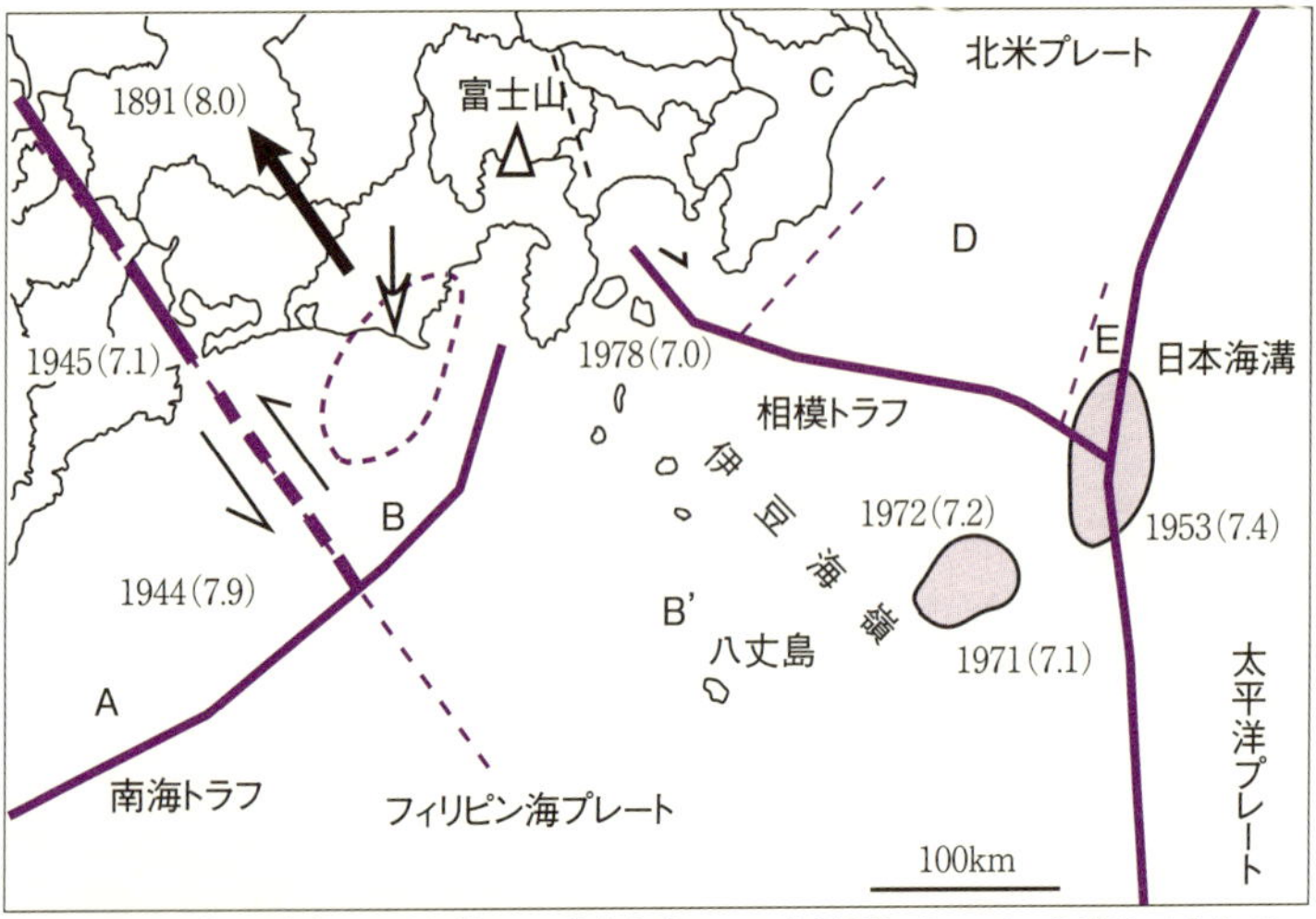

東南海地震（1944年）に引き続いて発生した2つの大地震によって、B域はストレスが解放された可能性がある。黒矢印はB域の移動方向。白矢印はそれによってできる予想沈降域。破線内で示してある

■図55　ストレスが解放された区域

がっていることを示しています。

そしてその南で、東南海地震が発生しています。この太い実線と破線の断層は、おそらく東南海地震と東海地震の境界線となるものと思われ、木村名誉教授はこれを「若狭・伊勢湾構造線」と呼んでいます。

この3つの大地震が発生したため、A域は相対的に南東にせり出したはずです。そのため、B域は相対的に北東側に動き、つまり、内陸側に移動したことになります。ということはつまり、御前崎の大きな地盤沈降（茂木清夫氏が1974年に指摘し

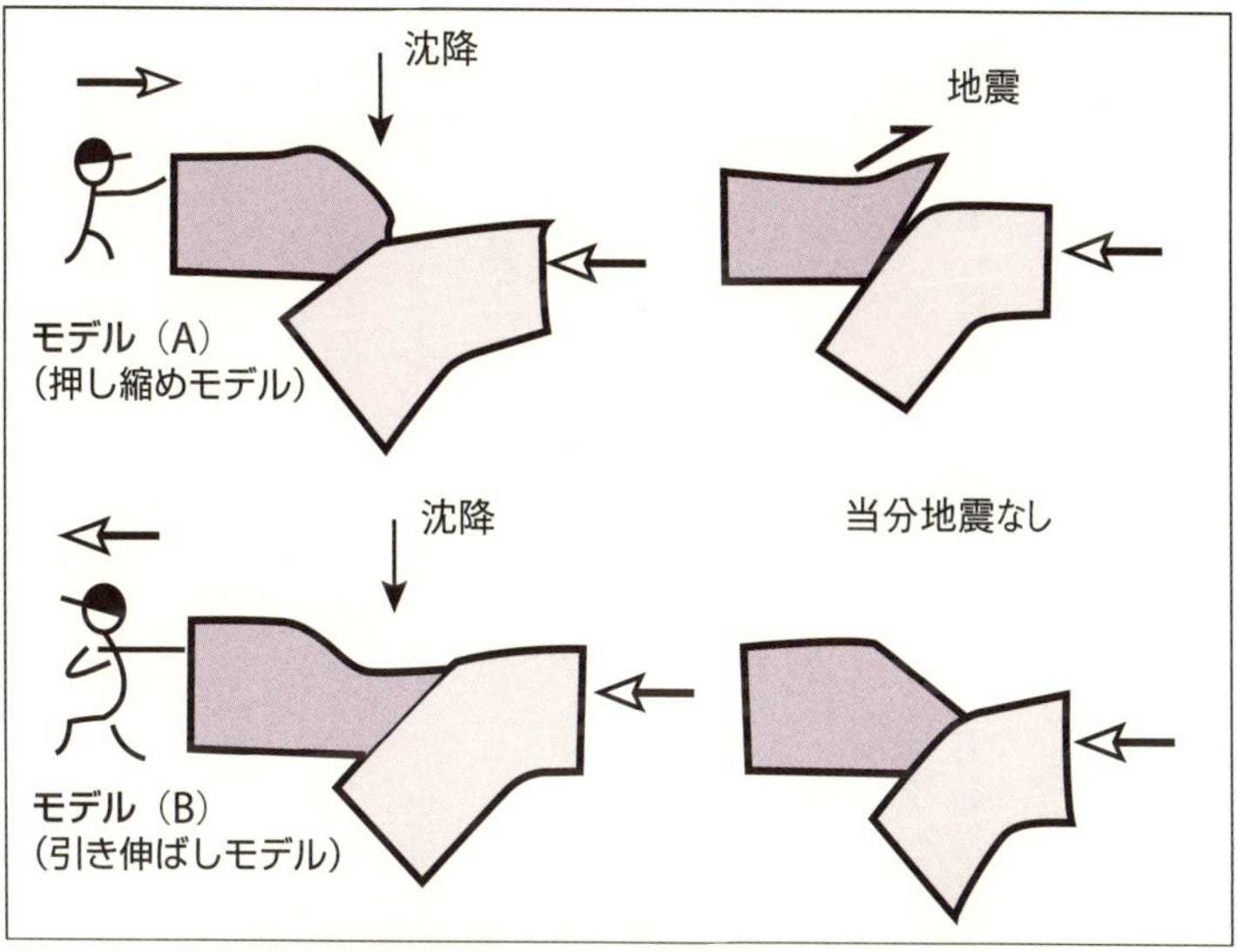

■図56　御前崎の沈降を説明する2つのモデル

た現象。当時、沈降が一時停まったときには、すぐにも東海地震がくると騒がれた）はB域のプレートが内陸に移動したため生じた「沈降運動」を示したものだったということになります。

図56に、御前崎の沈降を説明する2つのモデルを挙げておきました。従来のモデル（A）では、陸側のプレートは海側にせり出そうとし、海側のプレートは陸を押し戻していて、大きな圧縮力が働いている〝場〟と考えられてきました。仮にBのようなモデルであれば、東海地震で解放されるべき歪みエネルギーは、過去の3つの地

震によって解放されていたことになります。このようなケースが正しいとすれば、東海地震は当分起こらない、ということになります。

“連動型超巨大地震”の可能性

それでは次に図57(1)〜(4)(240〜241ページ掲載)で、1853年〜2001年に起きた地震を見てみましょう。図の(1)〜(2)を見ると、海溝型地震と内陸型地震が交互に、規則正しく発生しているのがわかります。ここで、相模トラフ沿いの関東近辺の地震の発生域には少し複雑な事情があるのですが、説明は省きます。

このように見てくると、2000年に入ってしばらく、すなわち2007年ごろは内陸型地震の発生する時期で、東海地震は当分こないことになります。仮に発生するとすれば、50年か100年ほど先に、南海・東南海地震と一緒に発生する可能性が高いでしょう。

ただし木村教授は、図57(4)で、予想東海地震域に「?」を付けています。というのは、もしその前に富士山が噴火するようであれば、東海地震はそのときも起こらないかもしれない、としています。なぜなら、東海地震が発生するのは、富士山の長期的活動の、終了時の可能性があると考えられているからです。

234ページに示した図54は、はからずも東海地震予想域のストレスが、まだたまっていないことを示しています。1891年の濃尾地震、1945年の三河地震は、2つとも左横ずれ断層と推定されています。仮にそれを認めるならば、そのため東海地震ブロックのプレートが北西に引っ張られ、移動した可能性は疑いようがありません。それゆえ、御前崎は圧縮応力ではなく、引っ張りによる沈降で大きく沈んだと考えると、観測事実とよく合うようにみえます。そうなれば、そこは確かに地震の発生しない空白域にもなりうるのです。最近、沈降のスピードが緩やかになったり、通常の地震活動がかなり活発なのは、この傾向が止まり、少しずつ〝圧縮の場〟に変わってきたと解釈すると、矛盾は生じないことになります。

ともかく先入観を捨ててデータをきちんと読み込むと、なんとこれは従来のモデル（図56A）とはまったく逆になり（同B）、巨大地震を発生できない、ということになります。事実、御前崎の異常沈降がいわれてから30年以上たった今現在、いまだに巨大地震が発生していないのは、そのためかもしれません。1974年〜1975年にかけて、伊豆大島・三原山の火口底が100メートル近く上昇し、その後の1978年1月、M7・0の「伊豆大島近海地震」が発生し、25名に及ぶ死者が出ました。そしてこの年の12月14日、前述した大規模地震対策特別措置法が施行されました。

(3)1923～1953 年

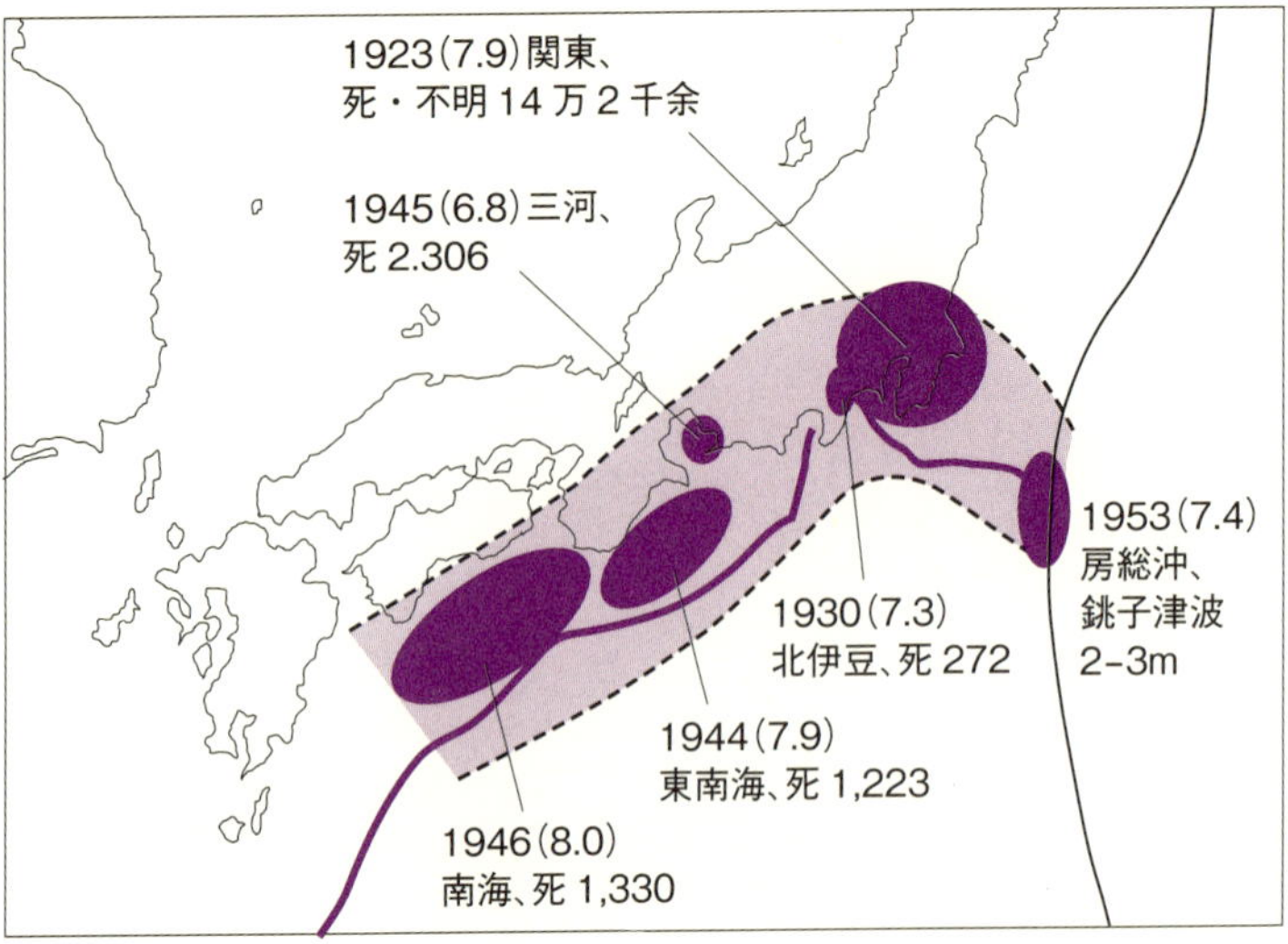

(4)1972～2001 年

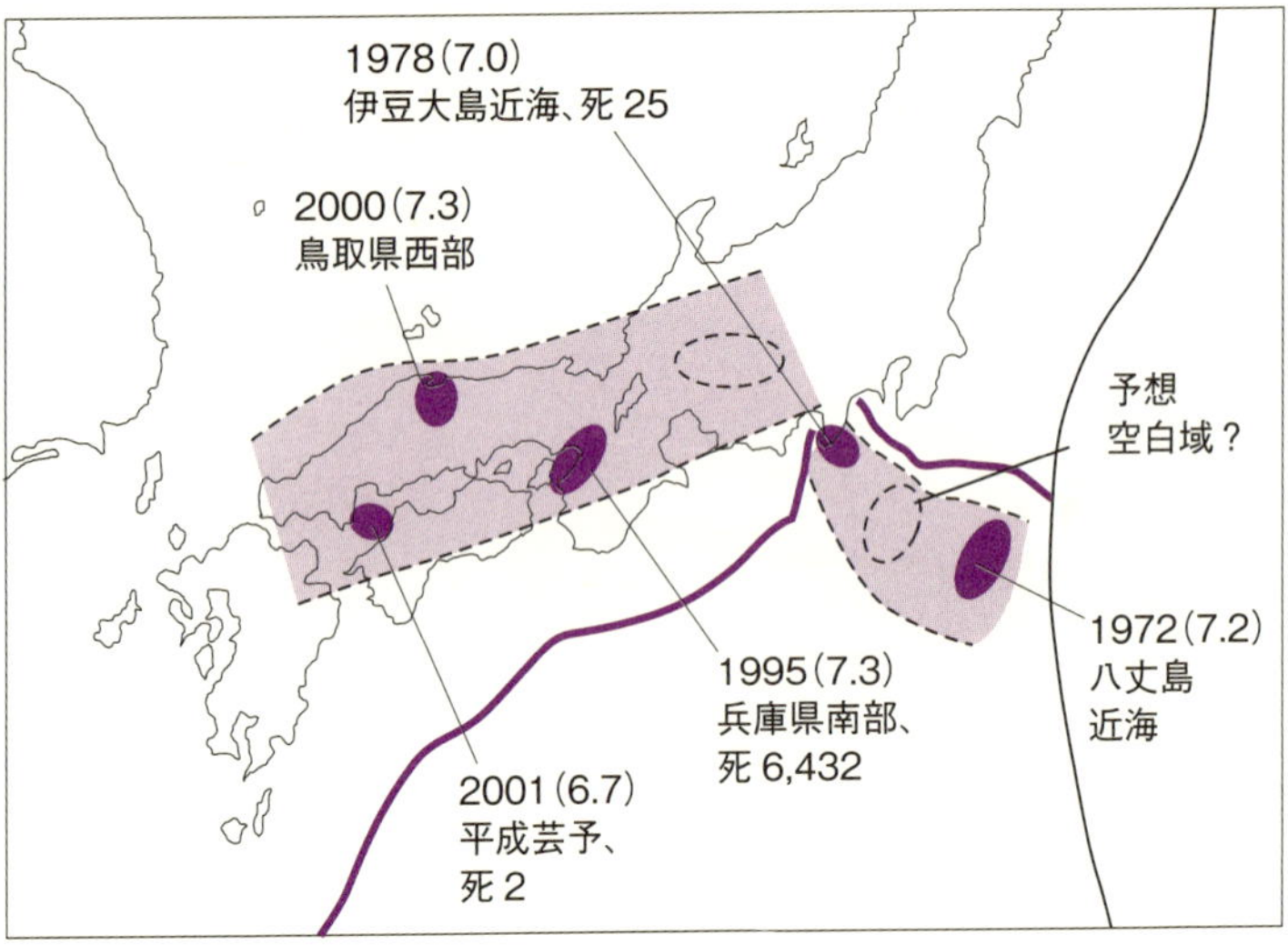

(1)1854〜1855 年

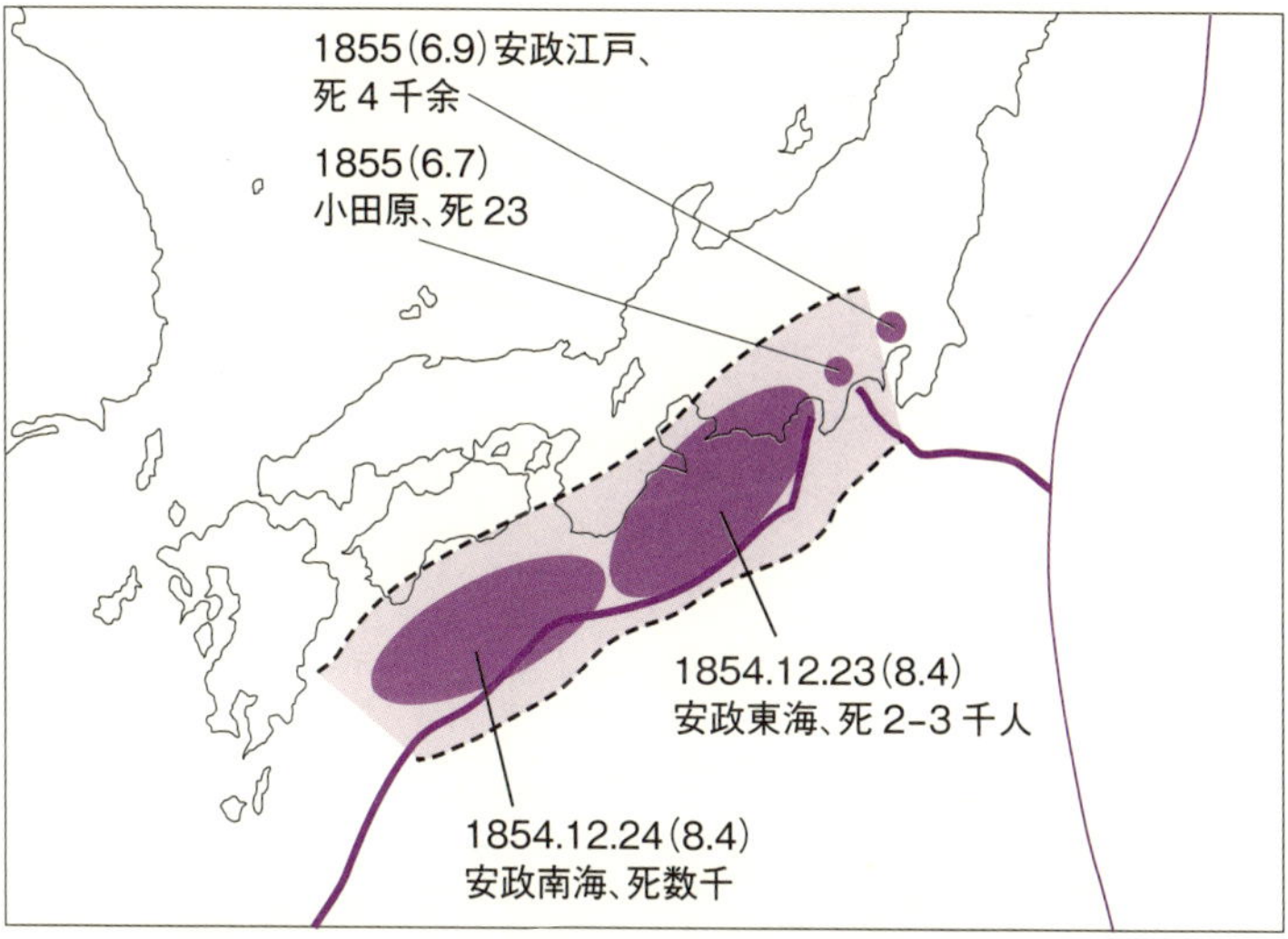

(2)1891〜1909 年

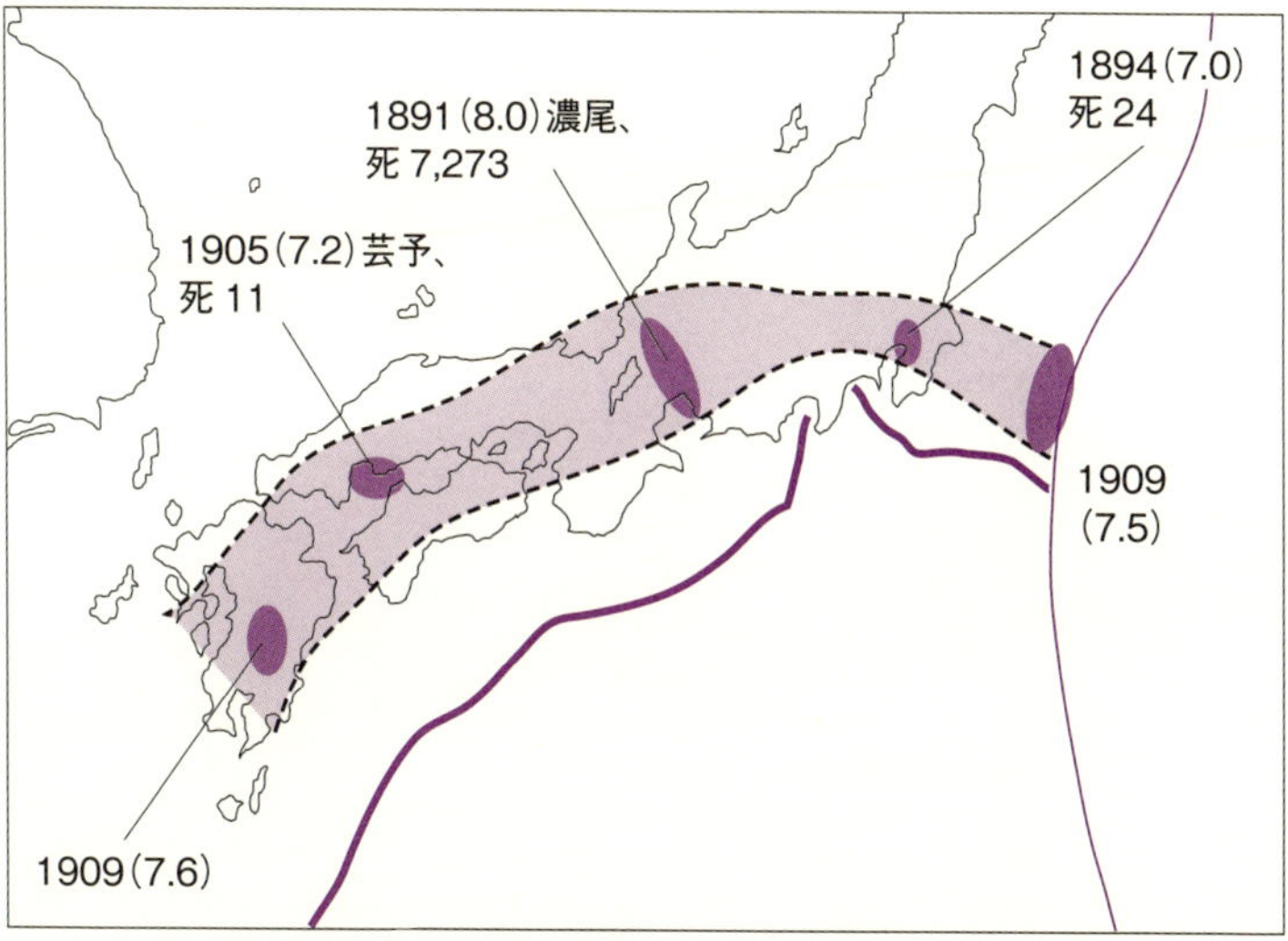

＊カッコ内はマグニチュード（M）を示す

■図57　関東―西日本大地震発生の規則性（1853〜2001年）

この大震法は、1977年、地震予知連絡会の内部組織として東海地震判定会の発足に端を発しています。この判定会の発足に伴い、東海地域での大規模地震に関して、物事がすべてうまく進行した場合、直前に予知情報が出される可能性が出てきたと見られたからです。しかしその際でさえ、東海だけ独立して巨大地震発生があった例などないことが、委員から指摘されていたのです。

最近、日本列島を襲っているのは内陸型地震のシリーズです。1995年の阪神・淡路大震災、2000年の鳥取西部地震、2001年の平成芸予地震など、すべて直下型地震です。こういったルール1つ考えても、ここ数年で、プレート間（境界型）巨大地震である東海地震が起きる可能性は低いと見ていいと、木村名誉教授はいうのです。

地震は、プレートのぶつかり合いによって生じた歪み（体積の縮み）を解消しようとして起こります。もし、なんらかの理由でその歪みが解消されれば、地震は起きません。内陸型地震であろうとなんであろうと、歪みが解消されれば地震は起きないのだから、プレート間（境界型）巨大地震の発生に固執する必要はない、ということになります。

＊**東海地震判定会**
気象庁長官の私的諮問機関としてあり、東海地震の直前予知を目指している。同判定会では委員打ち合わせ会が1ヵ月に1回のペースで開かれており、その内容は「記者説明コメント」として気象庁地震火山部より発表される。また、2004年1月5日から東海地震の予知と防災対応（情報）が変更になっている。情報は「東海地震観測情報」「東海地震注意報」「東海地震予知情報」の3種。「東海地震注意報」が流れた時点でこの判定会が招集される。

おわりに――監修者の言葉

地震と火山の国・日本は、最近、次々と大地震に見舞われています。そのため、中央防災会議をはじめ、予知も視野に入れて地震対策に力が注がれています。とはいっても、国が東海地震を警戒している間に、阪神・淡路大震災をはじめ、鳥取県西部地震、新潟県中越地震、新潟県中越沖地震、岩手・宮城内陸地震など、多くの地震被害が発生しています。

専門家は、地震に関しては必ずしも東海地方だけが危険だとは言っていません。生活と身の安全を図るため、国民にはより明確な〝地震像〟を知る権利があります。起こりうる地震について、より正確な知識を前もって持つことこそ自分の命を助け（自助）、他人の命を助けること（他助）につながっていくはずです。また、自分なりの〝地震哲学〟を正しく持ちさえすれば、地震時の混乱やデマに打ち勝つ、強い自信になるはずです。

私たち国民一人ひとりの意識を高めていくことこそ、防災にいちばん強力な〝力〟

となっていくと思います。

本書の地震に関する監修については、多くの方々にお世話になりました。地震活動のチェックに関しては、東京大学地震研究所・地震予知情報センターの計算機システムを利用しました。また、データに関しては、気象庁（JMA）や国際地震センター（ISC）で公表されたデータを用いました。ここに厚く謝意を表します。

２００８年８月吉日

木村政昭　識

◆参考文献一覧

本書の執筆に関して、以下のものを参考にさせていただきました。

『噴火と地震――揺れ動く日本列島』木村政昭著（徳間書店、1992年）
『図解　東京直下大震災』中林一樹著（徳間書店、2005年）
『噴火と大地震』木村政昭著（東京大学出版会、1978年）
『地震と地殻変動』木村政昭著（九州大学出版会、1985年）
『噴火と地震の科学』木村政昭著（論創社、1993年）
『東海地震はいつ起こるのか～地球科学と噴火・地震予測』木村政昭著（論創社、2003年）
『緊急警告　これから注意すべき地震・噴火』木村政昭著（青春出版社、2004年）
『図解　次に来る大地震は○○だ！』木村政昭著、目からウロコの編集部地震予測研究班編（第三文明社、2006年）
『大地震の前兆をとらえた！』木村政昭著（第三文明社、2008年）
『地球・宇宙・そして人間』松井孝典著（徳間書店、1987年）
『地球・46億年の孤独』松井孝典著（徳間書店、1989年）
『連動して発生する巨大地震』ニュートン別冊（ニュートンプレス、2008年）
『巨大地震――大震災に備える基礎知識』ニュートン別冊（教育社、1995年）
『最新　地震がよ～くわかる本――ポケット図解　地震予知は可能なのか』島村英紀著（秀和システム、2005年）

索引

当索引は“歴史地震”を中心に抽出し、煩瑣を避けるため各事項の掲載ページに関して、「阪神・淡路大震災（兵庫県南部地震）」でのp.142～144と連続して記述のある部分は、その当初ページのみを示すなどして簡略化した。配列は歴史地震を含め50音順としている。

【監修者プロフィール】

◎木村政昭（きむら・まさあき）

1940年、神奈川県横浜市生まれ。東京大学大学院理学系研究科博士課程修了。通産省工業技術院地質調査所、米コロンビア大学ラモント・ドハティ地球科学研究所を経て、琉球大学教授、同名誉教授（理学博士）。日本国政府刊行の海洋地質図第1号の作成を担当。火山活動と地震の相互関係を研究。海洋科学技術センター（現・海洋研究開発機構）の潜水調査船「しんかい2000」などで沖縄トラフ熱水鉱床発見に貢献。琉球列島の古地理復元、海底遺跡研究にも携わり、1982年度朝日学術奨励賞、1986年度沖縄研究奨励賞を受賞。著書に『噴火と大地震』（東京大学出版会）、『地震と地殻変動』（九州大学出版会）、『東海地震はいつ起こるのか』（論創社）、『新説　ムー大陸沈没』（実業之日本社）、『大地震の前兆をとらえた！』（第三文明社）などがある。

【編著者プロフィール】

◎編集工房 SUPER NOVA（へんしゅうこうぼう・スーパーノヴァ）

宇宙論・火山と地震、地球温暖化などの科学ジャンルを中心に、執筆・編集活動を展開。携わった本に『宇宙論の飽くなき野望』（技術評論社・知りたいサイエンスシリーズ）、『最新　ミネラルウォーター完全ガイド』（大和書房・だいわ文庫）、『宇宙96%の謎』（角川学芸出版）などがある。

●装　丁　中村友和（ROVARIS）
●本文 DTP　寺田祐司

知りたい！サイエンス

なぜ起こる？ 巨大地震のメカニズム
－切迫する直下型地震の危機－

2008年10月5日　初　版　第1刷発行
2011年6月20日　初　版　第3刷発行

監修者　木村政昭
著　者　編集工房 SUPER NOVA
発行者　片岡　巌
発行所　株式会社技術評論社
東京都新宿区市谷左内町 21-13
電話　03-3513-6150　販売促進部
　　　03-3267-2270　書籍編集部
印刷／製本　株式会社加藤文明社

定価はカバーに表示してあります

ISBN978-4-7741-3607-3　C3044
Printed in Japan